F-35は
どれほど強いのか

航空自衛隊が導入した最新鋭戦闘機の実力

青木謙知

SB Creative

はじめに

アメリカで開発された戦闘機の中で最も新しい機種が、**ロッキード・マーチンF-35ライトニングII**です。アメリカ空軍と海軍および海兵隊向けに、1つの基本設計から3タイプが開発されているものです。そして日本も、このF-35を航空自衛隊の新戦闘機として導入することを決めて、2016年11月17日（アメリカ中部時間）に1番機が正式に引き渡されました。また2018年1月26日には、通算5号機（国内組み立ての初号機）が、青森県の三沢基地に配備され、これらにより**日本も第5世代戦闘機の時代**に入りました。

F-35は、アメリカとその同盟諸国が共通して装備する戦闘機でもあり、日本では、航空自衛隊、在日アメリカ軍で配備が始まっています。さらにアジア・太平洋地域ではオーストラリア空軍と韓国空軍も装備するので、この地域で大きなプレゼンスを示す機種でもあります。

F-35は、高いステルス性やセンサー融合、ネットワークへの接続性など、第5世代戦闘機に必須とされる能力をすべて備え、また、多種の兵装の搭載・運用能力を持つ、多任務戦闘機です。F-35の作戦能力は、今も開発が続けられていて、予定されている完全な姿になるには、まだ時間を要します。その後も、さらに発展が続きますから、その進化は「これからも止まらない」といえます。

航空自衛隊はまず、アメリカ空軍と同じタイプのF-35Aを42機、F-4EJ改の後継機として装備します。F-4EJ改は、F-4EJファントムⅡに、能力向上と寿命延長などを加えた改良・発展型ですが、ベースとなったF-4EJは、1971年に航空自衛隊に引き渡されていますから、すでに半世紀近くが経過しています。F-35Aにもそれを当てはめれば、少なくとも21世紀後半までは主力戦闘機の座にあり、さらにF-15Jの非改修機の後継機として追加装備されれば、機数にもよりますが、それらは**21世紀末ごろまで使われ続ける**ことになります。

その間にさまざまな新技術などが取り入れられるのは、当然のことですから、見た目は変わらないにしても、F-35はどんどん変化していくのです。

また日本では、最近になって、アメリカ海兵隊向けのタイプである短距離離陸垂直着陸型のF-35Bを導入して、陸上基地のみならず、**ヘリコプター搭載護衛艦からも運用**できるようにするという構想が持ち上がっています。その成否の行方は、いくつもある課題が解決されるかにかかっていますが、F-35B自体は、そのユニークな能力ゆえ、3タイプのF-35の中で、技術的あるいはメカニズム的に最も興味深いタイプといえます。F-35Aの航空自衛隊での配備やこれからの発展とともに、F-35Bにも注目し続けていく必要があるでしょう。

このように、F-35は「現在進行中」のプログラムなので、本書の刊行後にも当然、変化します。本書の執筆では、できるだけ最新の情報を集めましたが、その後も変更などが出ることはご承知おきください。また本書に、「現時点」とか「今のところ」などといった表記が出てきますが、それらは本書の作業段階である2018年5月時点を指していることも、あわせてご了解ください。

もう1つお断りですが、アメリカの軍用機には、所属部隊を示すために、垂直尾翼に2文字のアルファベットが書かれています。これについては、空軍のものは「**テイルコード**」、海軍・海兵隊のものは「**テイルレター**」と呼ぶのが一般に定着しているので、本書の表記もそれにならいました。

F-35では、個別の機体を示すのに、アルファベットと数字の組み合わせが用いられています。アメリカ軍機の場合は、タイプ「A」「B」「C」に、飛行（Flight）仕様機を意味する「F」を組み合わせ、それに連番をつなげて「AF-123」「BF-65」「CF-07」などと表記されます。

アメリカ以外の国には、国を示すアルファベットが決められており、それにタイプと連番を組み合わせています。現時点で付けられている国記号は、下記のとおりです。

国	記号	国	記号
● イギリス	K	● オーストラリア	U
● イタリア	L	● イスラエル	S
● オランダ	N	● 日本	X
● ノルウェー	M	● 韓国	W
● トルコ	T		

したがって、航空自衛隊向け1番機は「AX-01」、イギリス向け10番機は「BK-10」などとなります。本書でも、個別の機体を表記する際には、この方式で記述しています。

最後になりましたが、本書の執筆にあたっては、科学書籍編集部の石井顕一氏にさまざまなアドバイスをいただきました。この場をお借りしてお礼申し上げます。

2018年6月　青木謙知

著者プロフィール

青木謙知（あおき よしとも）

1954年12月、北海道札幌市生まれ。1977年3月、立教大学社会学部卒業。1984年1月、月刊『航空ジャーナル』編集長。1988年6月、フリーの航空・軍事ジャーナリストとなる。航空専門誌などへの寄稿だけでなく、新聞、週刊誌、通信社などにも航空・軍事問題に関するコメントを寄せている。著書は『知られざるステルスの技術』『F-4ファントムⅡの科学』『F-15Jの科学』『F-2の科学』『徹底検証! V-22オスプレイ』『ユーロファイター タイフーンの実力に迫る』『第5世代戦闘機F-35の凄さに迫る!』『自衛隊戦闘機はどれだけ強いのか?』『F-22はなぜ最強といわれるのか』（サイエンス・アイ新書）など多数。日本テレビ客員解説員。

本文デザイン・アートディレクション：近藤久博（近藤企画）
イラスト：近藤久博（近藤企画）
校正：曽根信寿

F-35はどれほど強いのか

航空自衛隊が導入した最新鋭戦闘機の実力

CONTENTS

SB Creative

CONTENTS

Section

1 航空自衛隊 F-35A

航空自衛隊におけるF-35Aの導入経緯から、初配備と今後の計画、訓練の概要などを解説します。あわせて、F-35Bの導入構想についても説明します。

写真提供：赤塚 聡

1/1 F-35Aの初配備は三沢基地

2020年度中に16機が配備される予定

航空自衛隊は2018年1月26日に、最新鋭戦闘機の**ロッキード・マーチンF-35AライトニングⅡ**を1機、青森県の三沢基地に初配備しました。これに先立ち、2017年12月1日には、その受け入れ・運用部隊として**臨時F-35A飛行隊**が同基地に編成されています。臨時F-35A飛行隊には、2019年3月末までにさらに9機のF-35Aが配備され、並行して隊員も増員される予定です。機体10機と隊員80人の定員を充足したところで、同基地の北部航空方面隊第3航空団隷下に、最初のF-35A飛行隊となる**第302飛行隊**が発足することになっています。

また航空自衛隊の戦闘機飛行隊は、16機程度で1個飛行隊を構成することになっていますので、第302飛行隊発足後もさらに人員や機体の追加配備が続けられ、それらが一定の数に達した後に、対領空侵犯措置などの任務に就くことになります。2019年度には、さらに6機が配備される計画なので、2021年3月末の時点での配備機数は16機となる予定です。

F-35Aは、**F-4EJ改ファントムⅡの後継戦闘機として導入が決まった**もので、まずは現存するF-4EJ改2個飛行隊がF-35A飛行隊となります。F-4EJ改による第302飛行隊は現在、茨城県の百里基地に所在していますが、同基地での機種更新ではなく、百里基地で部隊を一度整理し、F-35A装備で三沢基地に新たに第302飛行隊を発足させるという形が取られます。このため、部隊マークが変更されることも考えられます。臨時F-35A飛行隊が用務連絡に使うT-4には**雷神像**のマークが垂直尾翼に描かれていますが、これがそのまま新生第302飛行隊のマークになるかは不明です。

2018年1月26日に三沢基地へ到着したF-35A。航空自衛隊向け6号機のAX-06で、国内で組み立てられた2機目の機体である　写真：青木謙知

第3航空団司令兼三沢基地司令の鮫島建一空将補（左）に、三沢基地配備初号機のAX-06の空輸完了を報告する空輸パイロット（右）。臨時F-35A飛行隊隊長の中野義人2等空佐である　写真：青木謙知

1/2

要員の養成①

エグリン空軍基地とルーク空軍基地で訓練を受ける

アメリカ軍はF-35のパイロットや整備士などの要員の訓練を、1カ所で集中して実施することとしました。このため、フロリダ州エグリン空軍基地に**統合訓練部隊**がつくられて、空軍（F-35A）だけでなく、海軍（F-35C）と海兵隊（F-35B）のパイロット訓練部隊も配置され、同基地所在のアメリカ空軍第33戦闘航空団がホスト部隊になりました。現在、海兵隊の訓練部隊は本来の配備基地に移動し、エグリン空軍基地に所在するF-35は空軍機と海軍機だけになっています。

空軍はアリゾナ州ルーク空軍基地の**第56戦闘航空団**指揮下にもF-35Aの訓練部隊を編成し、パイロット養成訓練の多くがそちらで実施されるようになりました。第56戦闘航空団では、アメリカ空軍のほか、日本とイスラエルを除く国際運用国のパイロットの訓練も実施しています。なお、航空自衛隊のパイロット養成訓練もルーク空軍基地で行われているのですが、これについては**1-3**で記します。

F-35の整備士の訓練は、エグリン空軍基地の第33戦闘航空団隷下に編成されている**アカデミック訓練センター**（**ATC**※1）で行われています。ここで、F-35の機体整備システムの特徴である**独立兵站情報システム**（**ALIS**※2）の基本的な知識から、**保命装具フィルター**（**SEF**※3）をはじめとするパイロットが着用する各種の飛行装具まで、さまざまなアイテムの整備や修理などの知識・技術を習得します。このATCでは2018年2月1日、国際オペレーターの整備士教育を受ける1,000人目の学生が入校しました。航空自衛隊の整備士も、このATCで訓練を受けています。

※1 ATC：Academic Training Center
※2 ALIS：Autonomic Logistics Information System
※3 SEF：Survival Equipment Filter

ルーク空軍基地を離陸する"ニンジャス"（**1-3**参照）のF-35A。2017年2月7日に行われた航空自衛隊パイロットによる初訓練時の離陸で、操縦しているのは、後に臨時F-35A飛行隊隊長となった中野義人2等空佐

写真提供：アメリカ空軍

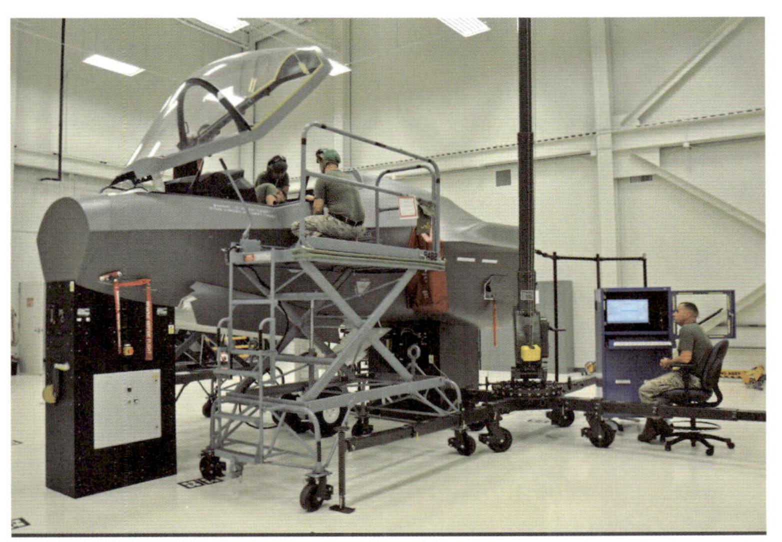

エグリン空軍基地のATCで行われているF-35の整備士養成訓練風景。アメリカ空軍の整備士が、射出座席の整備について説明を受けている

写真提供：アメリカ空軍

1/3

要員の養成②

航空自衛隊のパイロットを養成する“ニンジャス”

2018年の時点で、航空自衛隊のパイロットはアリゾナ州ルーク空軍基地で養成されています。**1-2**のとおり、この基地にはアメリカ空軍および国際運用国のF-35Aパイロットを養成する部隊として第56戦闘航空団が置かれていますが、航空自衛隊のパイロット養成だけは、**第944戦闘航空団第944作戦群第2分遣隊**が受け持っています。これは、ほかの国際運用国がF-35の国際共同開発パートナー国であるのに対し、日本は海外有償援助方式によるF-35の導入国であると説明されています。

イスラエル空軍のパイロットが第56戦闘航空団で訓練を受けないのも同様の理由によるもので、イスラエルは当面、自国内でパイロットを養成します。ただ、韓国は第56戦闘航空団で訓練します。

第944戦闘航空団は、ルーク空軍基地の第56戦闘航空団とは、**アソシエート（連携）部隊**と呼ばれる関係にあります。これは、部隊組織などはまったく別ですが、航空機や関連する支援器材などは共用して使用するというもので、冷戦終結後のアメリカ空軍で多く見られるようになったものです。

たとえば、戦闘機装備の第一線部隊の所在基地に、州兵や予備役などの第二線部隊も配備するとき、第二線部隊をアソシエート部隊にします。こうすることで一定の部隊数を保ちながら、調達機数を大幅に減らすことが可能になることから、冷戦後の大幅な予算削減に対応して、こうした方式が生み出されたのです。

なお、航空自衛隊のパイロットを養成するために編成された第944戦闘航空団第944作戦群第2分遣隊には、“**ニンジャス**”のニックネームが付けられました。これは「忍者」の複数形です。

2018年時点で航空自衛隊のF-35Aは、アメリカで完成した4機と国内で完成した1機がルーク空軍基地に配備されている。写真は国内完成初号機のAX-05が、2017年11月6日に太平洋横断飛行でルーク空軍基地にフェリーされたときのもの。全行程をウィスコンシン州兵航空隊第115戦闘航空団第176戦闘飛行隊のF-16C（右）2機がエスコートした　写真提供：アメリカ空軍

訓練ソーティに向けて、簡易シェルターをタクシー・アウトする“ニンジャス”のF-35A。アソシエート部隊なので、整備機材などは第56戦闘航空団と共用だが、機体や格納庫は別になっており、後方の格納庫には「第944戦闘航空団」と書かれている　写真提供：アメリカ空軍

1/4 航空自衛隊での配備計画

2020年度中には第301飛行隊にもF-35Aを配備

航空自衛隊のF-35Aは、まず操縦訓練部隊に対して配備されました。ただこれは、1-3で記したようにアメリカ空軍の部隊への配備です。この操縦訓練部隊にはアメリカ組み立てのAX-01〜AX-04と、日本国内組み立てのAX-05の5機が配備されていて、当面はこの5機態勢で活動します。日本国内で最初の配備部隊となったのは、1-1で記したとおり、三沢基地の臨時F-35A飛行隊で、この部隊は2019年3月末までに第302飛行隊となって、航空自衛隊最初のF-35Aによる正式な飛行隊となります。

これに続いて2番目のF-35A飛行隊も三沢基地に編成されることになっており、2020年度中に**第301飛行隊**が配備される計画です。第301飛行隊は、F-4EJ装備の最初の飛行隊で、現在はF-4EJ改に装備機種を変えて、茨城県の百里基地に所在しています。F-35Aの装備については、百里基地で機種更新した後に三沢基地に移動するのか、第302飛行隊のように一度部隊を整理した後に三沢基地で再発足するのかは、未発表です。

いずれにしても第301飛行隊が三沢基地に配備されると、第3航空団指揮下飛行隊の整理が必要となるので、三菱F-2を装備している第3飛行隊が、第301飛行隊と入れ替わる形で同年度に百里基地に移動します。これで、装備計画機数の42機による、**当初予定していたF-4EJ改2個飛行隊のF-35A化は完了**となります。

ただ、航空自衛隊の戦闘機更新予定はこれで終了ではなく、約100機を保有しているF-15Jの非近代化改修機の後継機選定もあり、これにF-35Aをあてることになれば、さらに飛行隊が増えていくことになります。

航空自衛隊のF-35Aで、日本国内最初の部隊配備となった臨時F-35A飛行隊のAX-06。三沢基地に配備されており、今後は第302飛行隊となる　写真：青木謙知

第3飛行隊所属のF-2A。2番目のF-35A飛行隊として三沢基地に第301飛行隊が配置されると、百里基地に移動することになる　写真提供：赤塚 聡

1/5 F-35導入の経緯

三つどもえを制したF-35A

防衛省は2008年12月にF-4EJ改の後継戦闘機となる次期戦闘機（F-X※）計画を本格化させることとして、アメリカのボーイングF/A-18Eスーパー・ホーネットとF-15FXイーグル、ロッキード・マーチンF-35AライトニングⅡ、そしてヨーロッパ共同のユーロファイター・タイフーンの**4機種を候補機**として、メーカー各社に対し情報を要求するなどしました。合わせてヨーロッパとアメリカに調査団を派遣し、実地調査も実施しています。

2011年4月には、各社に対して提案を要求し、2011年9月26日の締め切りまでにF-15FX以外の3機種の提案書を受け取り、最終的な機種選定に入りました。

その後、**ロッキード・マーチンF-35Aを導入する方針を固めて政府に上申**し、2011年12月20日に政府の安全保障会議および閣議の決定を受けて、正式に装備されることになったのです。

これを受けて政府は、2012年度予算から調達経費の計上を承認しました。この時点での航空自衛隊の装備計画機数は42機で、これらによりF-4EJ改2個飛行隊を機種更新しますが、42機には訓練用などの機体も含まれています。

なお、検討対象機にはフランスのダッソー・ラファールも含まれる予定でしたが、ダッソーが「過去の事例などを見ても、日本がヨーロッパ製戦闘機を採用することはあり得ない」と判断して早期に提案しない姿勢を明らかにしたため、候補対象から外されました。また、**防衛省はロッキード・マーチンF-22Aラプターの装備を熱望**していたのですが、1-6で記すように実現しませんでした。

※ F-X：Fighter-Experimental

F-35Aは、最終的に2個飛行隊が残っていたF-4EJ改の後継戦闘機を決定するF-Xプログラムにより選定された。写真はF-4EJ改最後の2個飛行隊の1つとなった第302飛行隊の所属機　写真提供：航空自衛隊

航空自衛隊最後のF-4EJ改飛行隊で、2番目のF-35A飛行隊となる予定の第301飛行隊の所属機
写真提供：航空自衛隊

1/6 F-22を導入できなかった理由

高度技術の漏えいを危惧して輸出不可に

1-5で記したように、防衛省がF-Xの作業を本格化させたのは2008年になってのことでしたが、F-4EJ改がいずれ退役することは2000年代初めには認識されていましたから、航空自衛隊も2000年代前半には後継機に関する情報の収集を開始していました。その中でも、アメリカで開発されていた最新鋭のステルス戦闘機である**ロッキード・マーチンF-22Aラプター**に、熱い視線を注いでいました。

これまでF-86F、F-104J、F-4EJ、F-15Jと、各時代ごとのアメリカ空軍の主力戦闘機を導入してきた航空自衛隊にとって、次の戦闘機がF-15に続く主力戦闘機として開発されたF-22というのは「当然の流れ」という考えはありましたし、なにしろ疑いなく世界最強の戦闘機でしたから(今もです)、「是が非でも導入したい」と考えていました。ただ、アメリカは、F-22開発のもととなった発達型戦術戦闘機(ATF※)計画で、この機種に多くの高度技術が使われることから、**採用機は輸出しないことを決めていた**のです。

一方、その高度技術の多用ゆえにF-22が極めて高額になったことから、アメリカ政府は調達機数の削減を続けて、空軍が最低限必要とした機数の半数程度しか装備できなくなっていました。「もし日本に輸出できれば製造機数が増えるので価格が下がり、アメリカ空軍も希望する機数を装備できるようになる」という理屈に、日本もかすかな望みをつないだのですが、最終判断を任されたバラク・オバマ大統領(任期は2009年1月～2017年1月)は、**就任直後にF-22の輸出を認めない方針を示し、F-22はF-Xの候補機種から除外されることとなった**のです。

※ ATF：Advanced Tactical Fighter

アメリカ政府による「F-22を輸出しない」という方針は最後まで覆らず、航空自衛隊のF-22導入は実現しなかった。写真はハワイ州のパールハーバー-ヒッカム統合基地所在の、ハワイ州兵航空隊第15航空団第19戦闘飛行隊所属のF-22A

写真提供：アメリカ空軍

幻に終わった、日の丸を付けたロッキード・マーチンF-22Aラプターの模型。日本は政府を挙げて、さまざまな理由を付けて売却を求めたが、アメリカ政府の方針が変わることはなかった

写真：青木謙知

1/7

2機種のライバル機

スーパー・ホーネットとタイフーン

いくつかの動きはありましたが、F-Xの最終的な検討段階でF-35Aのライバルとなったのは、**ボーイングF/A-18Eスーパー・ホーネット**と**ユーロファイター・タイフーン**の2機種でした。スーパー・ホーネットは、1983年にアメリカ海軍で就役した双発の艦上戦闘攻撃機F/A-18ホーネットの発展型で、ホーネットに代わって現在の**アメリカ海軍の主力艦上戦闘攻撃機**になっています。主翼をはじめとして機体各部を大型化し、兵装搭載量の増大、戦闘行動半径の拡大、飛行性能の向上などを実現しています。

一方のタイフーンは、イギリス、ドイツ、イタリア、スペインの4カ国が共同で開発した多用途戦闘機です。開発当時の西ヨーロッパで主流だった無尾翼デルタにカナード翼（前翼）を組み合わせた機体構成の双発機で、これらにより**高い飛行敏捷性**を特徴とするなど、アメリカの戦闘機には見られない特徴を有しています。

しかし、この両機種はその開発時期から、F-35のような第5世代戦闘機の特徴の1つである、レーダーに対するステルス（隠密）性に欠けるのは事実でした。また、レーダーなどの搭載電子機器も少し前の世代のものだったので、「第5世代戦闘機の手前」という意味から「第4.5世代戦闘機」とも呼ばれたのです。

ただ、両機種ともにできるだけ第5世代戦闘機に近付けるよう改良されています。たとえば、スーパー・ホーネットは空気取り入れ口内にレーダー・ブロッカーを装着して、少しでもステルス性を確保するようにしています。搭載レーダーについては、ともにF-35と同様のタイプである**アクティブ電子走査アレイ（AESA※）型のレーダーの装備が可能になる**と説明していました。

※ AESA：Active Electronic Scanned Array

F-15FXを提案したボーイングは、さらに新しい技術を導入するF-15サイレント・イーグルも提示したが、防衛省の関心を得ることはできず、最終提案も行われなかったため、検討対象機種から脱落した

写真：青木謙知

空母USSロナルド・レーガンの艦上から発進するアメリカ海軍VFA-115“イーグルス”所属のF/A-18Eスーパー・ホーネット。F-X評価において、海軍の艦上戦闘攻撃機であることが不利に働いた点の1つであったことは確かだ

写真提供：アメリカ海軍

1/8 ライバル機との優劣

実機でもシミュレーションでも高得点を獲得したF-35A

航空自衛隊はF-Xを選定するにあたり、3段階に分けて評価しました。第1段階は**全般的な評価**で、これは3機種ともに要求を満たしていました。

第2段階は、機体性能、火器管制能力、電子戦能力、ステルス目標探知能力、航空阻止能力（空対地攻撃能力など）などといった**戦闘機に不可欠な能力**に加えて、**経費や国内企業の参画、後方支援**などについても評価され、F-35Aが最高得点を獲得しました。

第3段階は、**第2段階で同点の機種が出た場合の再評価**とされていましたので、F-35Aが第2段階で最高点を得た時点で、F-XへのF-35Aの採用が決まったのです。

前記した第2段階の各種評価では、機体性能については飛行性能やステルス性、火器管制能力については火器管制レーダーの目標処理能力やミサイルの同時管制能力などが評価され、ステルス目標探知能力については赤外線捜索追跡装置（IRST※1）の性能や状況認識力などが評価されました。航空阻止能力については、脅威圏（地対空ミサイル＝SAM※2による攻撃を受ける範囲）の表示機能や、誘導爆弾の搭載数などが評価されました。

加えて、空中給油の受油方式が、航空自衛隊が採用しているフライング・ブームを使用した空中給油方式に合致しているか否かも評価されたようです。

こうした、いわゆる性能全般については、すべてにおいて**F-35Aがバランスよく高得点を獲得**し、加えて**数理解析によるシミュレーションでもF-35Aが最高点を獲得**したとされています。

※1 IRST：Infra-Red Search and Track
※2 SAM：Surface-to-Air Missile（サム）

ユーロファイターが提案したタイフーン。「日本がヨーロッパ製戦闘機を採用する可能性は極めて低い」と見ていたのはユーロファイターもダッソーと同様だったが、構成企業であるイギリスのBAEシステムズやドイツとスペインのEADS、そしてイタリアのフィンメカニカ（現レオナルド）は、「提案しておくことが将来のビジネスにつながれば」とも考えて、タイフーンについて積極的に説明し、情報を開示した　写真提供：ユーロファイター/ジェフリー・リー

イギリス空軍第41（R）飛行隊のタイフーンFGR.Mk4と編隊飛行するF-35統合試験軍のF-35B BF-17（いちばん奥）　写真提供：アメリカ空軍

1/9

国内での製造態勢は?

日本とイタリアは自国分を自国で組み立てる

日本はこれまで、航空自衛隊が装備したアメリカ製戦闘機については完全な**ライセンス生産**を行ってきました。日本はこのF-Xでも導入機種のライセンス生産を希望していましたが、F-35Aでは認められませんでした。最大の理由は、F-35の開発・生産プログラムがすでに国際共同態勢でスタートしていて、アメリカをはじめとする8カ国の航空産業各社に製造分担が各国各社に割り当てられていたからです。理論上は、それら各社と個別にライセンス契約を結べばよいことになりますが、現実的には不可能です。

そこで日本は、ロッキード・マーチンとの交渉で、**自国向け分については日本国内で組み立てることで合意**しました。この作業は**最終組み立ておよび完成検査**(**FACO**※)と呼ばれ、三菱重工業が作業をしています。「機体各部を製造している各社からその部位が愛知県の三菱重工業小牧南工場に運び込まれ、そこでそれらを組み立てて、完成後に検査して航空自衛隊に引き渡す」というシステムです。こうしたFACO作業が認められているのは日本のほかにイタリアがあり、ミラノ郊外にあるレオナルドの工場で、イタリア空・海軍向けの機体のFACOが実施されています。

日本向け機体のFACOは、とりあえず導入が計画されている42機については、最初の4機はアメリカで行われ、続く38機分の作業を三菱重工業で行うことは決定しています。ただ、仮に今後、装備機数が増えるなどした場合にも継続されるかは定かではありません。FACOの結果、「機体価格が高くなる」との指摘もあり、作業によるメリットと経費の兼ね合いが将来を決めることになるでしょう。

※ FACO:Final Assembly and Check Out(フェイコー)

三菱重工業小牧南工場内で撮影されたAX-05。F-35Aは最終組み立てが日本国内で行われているだけで、コンポーネント類などは製造されていない
写真提供：赤塚 聡

2017年6月5日に三菱重工業小牧南工場で行われた、F-35Aの国内FACOの初号機（AX-05）の公開式典
写真提供：赤塚 聡

1/10

F-35Bの導入案

いずも型護衛艦に搭載して運用する?

日本が装備を決めたF-35は、アメリカ空軍向けに開発された**通常離着陸**（CTOL※1）型の**F-35A**であり、陸上にある基地で滑走路を使って離着陸する通常の戦闘機です。ただ、F-35にはアメリカ海兵隊とイギリス軍の要求にもとづいて開発された、**短距離離陸垂直着陸**（STOVL※2）型の**F-35B**があり、このタイプの導入の可能性についても取りざたされています。F-35Bの概要は、**2-10**と**2-11**で記します。

自衛隊によるF-35B導入の具体的なアイディアは、アメリカ海兵隊がF-35Bを強襲揚陸艦から運用するのと同様に、「ヘリコプター搭載護衛艦である、いずも型護衛艦から運用する」というものです。全通甲板を持ついずも型をF-35Bと組み合わせれば、空母のような運用もできることになります。

もちろん、「日本が空母あるいはそれに類似した艦船を保有・運用できるのか」という政治的な問題から、「装備・運用するのは

※1 CTOL：Conventional Take-Off and Landing（シートール）
※2 STOVL：Short Take-Off and Vertical Landing（ストーブル）

航空自衛隊か海上自衛隊か」「パイロットなどの養成をどうするのか」といった技術的な問題まで、クリアしなければならない課題はたくさんあります。

とはいえ、いずも型はその前の全通甲板を持つヘリコプター搭載護衛艦のひゅうが型に比べて艦全体が大型化していますし、甲板下の格納庫と甲板を結ぶエレベーターの寸法が、設計段階でF-35Bの機体寸法に合わせて変更されたことはよく知られています。甲板を高温のジェット排気に耐えるようにしなければならないなど、一朝一夕に実現するものではありませんが、**不確定な将来の安全保障を見据えた上でのオプションの1つ**ではあります。

陸上基地を短距離滑走で離陸するF-35B。F-35Bはリフト・ファンと回転式エンジン排気口により、極めて短い滑走距離で離陸できるので、甲板の短い強襲揚陸艦からも発艦可能だ。また垂直着陸による着艦ができるので、カタパルトや着艦ワイヤのような空母用の装備がなくても「海洋基地」からの作戦行動を可能にする
写真提供：ロッキード・マーチン

1/11

全通甲板護衛艦とは?

全通甲板を持つ最初の護衛艦「ひゅうが」

海上自衛隊は各種の護衛艦を装備していますが、その多くは艦の中央に艦橋があります。ヘリコプターの搭載は可能ですが、艦尾に1機分のヘリパッドと格納庫を有している程度です。

これに対して、艦首から艦尾までのほぼ全体が平らな甲板になっているのが**全通甲板型艦船**と呼ばれるものです。海上自衛隊の護衛艦で全通甲板状のものを備えた最初の艦は、**おおすみ型輸送艦**でした。ただ、この船は広い平らな甲板を備えてはいますが、中央に艦橋があり、甲板が前方と後方に分けられています。前方の甲板は車両や資材用として使われ、艦橋よりも後方の甲板のみをヘリコプター甲板としているので、「真の全通甲板」にはなっていません。このヘリコプター甲板には、ボーイングCH-47チヌーク大型ヘリコプターや、ベル/ボーイングV-22オスプレイティルトローター機といった、大型の垂直離着陸機1機分のスポットが設けられますが、ヘリコプター用の格納庫やエレベーターもありません。

完全な全通甲板を持ち、最初のヘリコプター搭載護衛艦となったのが、**ひゅうが型の1番艦「ひゅうが」**です。ひゅうが型は艦橋が艦中央の甲板右舷(うげん)に寄せて配置され、甲板全体が完全に平らに広がっています。甲板上には4機分のヘリ・スポットがあり、2機のエレベーターも付いています。これらによりひゅうが型は、11機のヘリコプターを搭載でき、同時に3機の発着艦運用を可能にしています。ひゅうが型は2007年8月23日に1番艦が進水し、2009年3月19日に海上自衛隊で就役しました。建造されたのは、1番艦のDDH-181「ひゅうが」1隻です。

あたご型イージス艦の２番艦であるDD-178「あしがら」。艦の最後尾にヘリパッドがあり、こうした形式でヘリコプターを搭載できる護衛艦は多い
写真提供：海上自衛隊

広い甲板を持つおおすみ型輸送艦の３番艦LST-4003「くにさき」。ヘリコプター用に使用できるのは、艦橋よりも後方の甲板に限られている
写真提供：海上自衛隊

1/12

いずも型ヘリコプター搭載護衛艦

F-35Bが運用される可能性もある

ひゅうが型に続いてヘリコプター搭載護衛艦として開発されたのが**いずも型**です。同様に全通甲板を備えており、艦の規模が大型化されました。甲板には5機のヘリコプターを並べられ、それらが同時に発着艦することも可能です。ヘリコプターの搭載容量も14機に増えており、艦全体の作戦能力よりも航空機の運用機能に、より重点を置いたものとなっています。

いずも型は2隻が建造されていて、1番艦のDDH-183「いずも」は2013年8月6日に進水し、2015年3月25日に海上自衛隊第1護衛隊群第1護衛隊（横須賀基地）で就役しました。2番艦のDDH-184「かが」も、2015年8月27日に進水し、2017年3月22日に第4護衛隊群第4護衛隊（呉基地）で就役しました。

1-10で記したように、防衛省が「F-35Bを導入して、いずも型護衛艦からの運用も検討している」などといった報道がなされてます。防衛省もこれらの艦の建造業者に調査作業を依託して、2018年3月、航空機の運用能力について「**高い潜在能力を有する**」と評価し、一方で、運用には船体の改修などが必要なことを指摘する報告を得ています。この調査の第一の目的は、アメリカ海兵隊のF-35Bに支援を提供できるかという点でしたが、それをさらに発展させていけば、自衛隊の「**F-35B空母**」にまで進むことも不可能ではないことにはなります。参考までに、アメリカの強襲揚陸艦LHD-1 USSワスプと「いずも」の主要諸元を記しておきます（カッコ内はUSSワスプ）。全長：248.0m（257.3m）、最大幅：38.0m（32.3m）、吃水：7.1m（8.1m）、満載排水量：26,000t（41,302t）、最大速力：30kt（23kt）。

自衛隊がF-35Bを導入した際は、その搭載艦になる可能性も指摘されているいずも型ヘリコプター搭載護衛艦。写真は1番艦のDDH-183「いずも」
写真提供：海上自衛隊

全通甲板をフルに活用して、5機のSH-60Jを甲板上に並べたDDH-183「いずも」　写真提供：海上自衛隊

アメリカ海軍の主力強襲揚陸艦USSワスプ。第7艦隊に組み込まれていて、長崎県のアメリカ海軍佐世保基地を母港としており、在日アメリカ海兵隊F-35B部隊の活動拠点の1つともなる
写真提供：アメリカ海軍

Column 1

第944戦闘航空団

アフガニスタンで実戦経験もある

1-3で記した“ニンジャス”の上部組織である**第944戦闘航空団**は、1987年7月1日に予備役の戦闘機部隊第944戦術戦闘航空群として発足しました。1994年10月1日に現在の部隊名となって、**予備役の戦闘機要員の訓練を基本任務**にしています。アフガニスタンでの「不朽の自由」作戦や飛行禁止の監視といった実戦任務にも派遣されることがあり、2001年9月11日のアメリカ同時多発テロ以降は、北米大陸を防空する「高潔な鷲」作戦の遂行部隊にも組み込まれています。発足以来、ホームベースはルーク空軍基地のままです。

第944戦闘航空団のF-16C（左）、予備役のA-10C（手前）およびF-15E（右）と編隊を組んだ“ニンジャス”のF-35A（AX-02）
写真提供：アメリカ空軍

Section 2 F-35の誕生と各タイプ

F-35が誕生したJSF計画について記し、3タイプの基本的な事柄、そして開発作業とその試験などについて解説します。

写真提供：アメリカ空軍

2/1 統合打撃戦闘機（JSF）計画とは?

1つの基本設計から3タイプを派生

1980年代後半、アメリカ空・海軍および海兵隊は、使用している戦闘機や攻撃機の後継機の研究を個別に開始しました。それらには少なくとも4機種が必要で、それぞれに独特な能力が求められていましたが、すべてを新たに開発すると多額の開発費が必要となり、また各機の生産数も少なくなるため、機体価格が高くなるという問題も生じます。そこでアメリカ国防総省は、「用途や能力で共通化できるものはできるだけまとめて、1つの新型機ですべてをカバーする」という方針を固め、複数あった新戦闘機・攻撃機計画を一本化したのです。

これが**統合打撃戦闘機**（JSF※1）**計画**で、1996年3月22日に概念実証機に関する提案要求書がメーカー各社に交付されました。JSFは4機種の後継機を1機種でまかなうことが基本ですが、それを1タイプで実現するのは不可能だったので、1つの基本設計を活用し、**空軍向けの通常離着陸型**、**海軍向けの艦上型**、**海兵隊向けの短距離離陸垂直着陸型**の3タイプをカバーすることとされました。

各社の提案に対する審査の結果が発表されたのは、1996年11月16日で、ボーイングとロッキード・マーチンの案が採用され、この2社が2機ずつの実証機を製造して、概念実証段階（CDP※2）の飛行比較審査を受けることとなりました。その勝者が次のシステム開発および実証（SDD※3）作業に進んでJSFの全タイプを開発・製造するとされ、結論を先に記せば、2001年10月26日に**ロッキード・マーチンの勝利**が発表されて、F-35ライトニングⅡが誕生したのです。

※1 JSF：Joint Strike Fighter
※2 CDP：Concept Demonstration Phase
※3 SDD：System Development and Demonstration

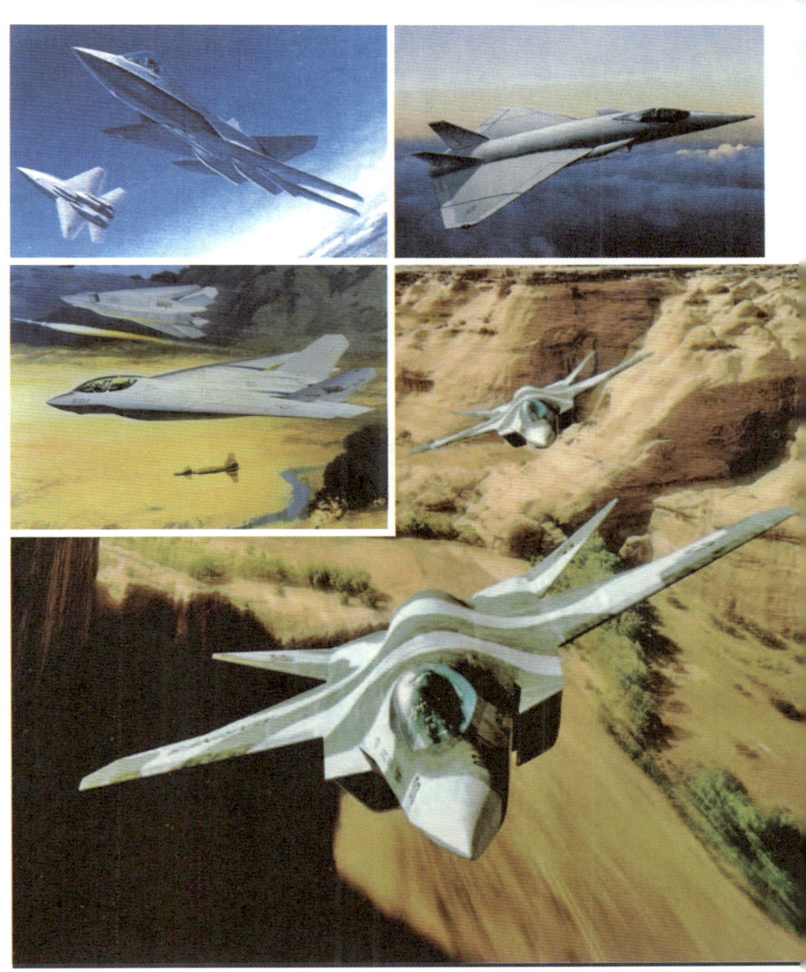

1980年代末期から1990年代初めにかけて、アメリカの航空機メーカー各社は、各軍の新戦闘機プログラムに向けて多くのアイディアを考案していた。左上はボーイングによる空軍向けの多任務戦闘機（MRF）の概念図。右上はロッキード・マーチンによる発達型短距離離陸垂直着陸（ASTOVL）機の概念図。左中段はロッキード・マーチンとジェネラル・ダイナミックス（現ロッキード・マーチン）による海軍向け次期戦闘攻撃機（AF-X）の概念図。右下はマクダネル・ダグラス（現ボーイング）による統合先進打撃機技術（JAST）機の概念図

画像提供：JSFプログラム・オフィス（4点とも）

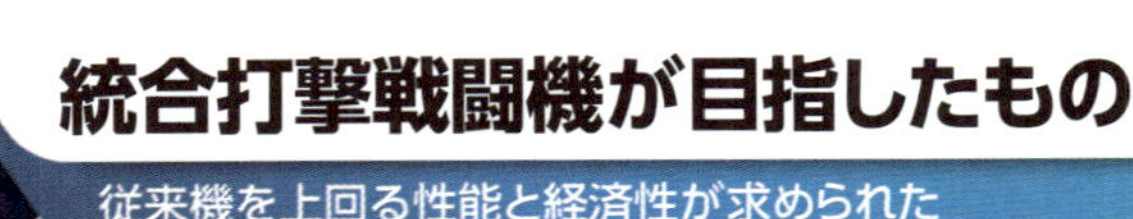

2/2 統合打撃戦闘機が目指したもの

従来機を上回る性能と経済性が求められた

統合打撃戦闘機（JSF）は、ロッキード・マーチンF-22に続く第5世代戦闘機となるものでした。そのため、技術や能力面では、レーダーなどの各種センサーの情報をまとめてパイロットに示し、状況認識力を高めるセンサー融合技術、ネットワーク作戦に対する高レベルの接続性、最新兵器の運用能力、そしてレーダーに捉えられにくい高レベルのステルス性などが求められました。ただ、JSF計画が本格化する前にはベルリンの壁の崩壊やソ連の解体によって東西冷戦が終結しており、アメリカも大幅な国防予算の削減と、軍の規模縮小の時代に入っていました。

そうした中で立ち上げられたこの新戦闘機計画では、これまで以上に良好な経済性が求められることになりました。英語ではaffordability（アフォーダビリティ）といい、「取得性」などと訳されますが、調達コスト（機体価格）はもちろん、運用経費、保守・管理経費など、あらゆる面での優れた経済性を意味するものです。JSFは新世代の戦闘機ですから、**従来の戦闘機を上回る能力を持つことは当然**ですが、それを**冷戦後の新しい国際秩序に見合った経費の中で達成することが重視された**のです。

その最初の表れが、**2-1**で記した3軍4機種の新型機計画をひとまとめにしたことです。これにより開発費は1機種分で済み（現実にはそこまで単純ではありませんでしたが）、計画当初は空軍が1,763機、海軍が480機、海兵隊が609機、当初から計画への参加の意向を示していたイギリスが150機（空軍90機と海軍60機）の、合計3,002機の装備が考えられていましたので、単価が低くなることも期待されていました。

統合打撃戦闘機計画では、あらゆる分野で機体とシステムがaffordable（アフォーダブル）であることが求められた。その結果、概念実証作業の勝者は、3タイプすべての開発と製造を受け持つこととされた。こうしてロッキード・マーチンは、3タイプのF-35を開発したのである。写真は編隊飛行する3タイプ4機で、上からF-35A、F-35B、F-35C、F-35Bである　写真提供：アメリカ空軍

2/3 概念実証段階（CDP）の経緯

ボーイングX-32 vs. ロッキード・マーチンX-35

2-1で記したように、統合打撃戦闘機（JSF）計画では開発・製造企業を決めるため、まずボーイングとロッキード・マーチンが実証機を製造して、比較審査を受けることになりました。前者には**X-32**の、後者には**X-35**の名称が与えられ、それぞれ2機を製造しました。JSFは3タイプでの実用化が決まっていましたが、実証機の製造は1社につき2機です。これは、**1つの基本設計から3タイプを製造できることを証明するための手法**で、「それに成功すればアフォーダブルであることもまた証明される」という考えによるものです。また勝者はタイプごとに決めるのではなく、3タイプまとめての選定となる、「**勝者総取り**」方式とされました。開発・製造の基本設計を1機種に限定することによって、プロジェクトをアフォーダブルにすることを目指したのです。

なお、3タイプをどのように製造するかの指示はなく、メーカー各社の独自判断に任せられました。その結果、ボーイングは通常離着陸型のX-32Aと短距離離陸垂直着陸型のX-32Bを製造し、X-32Aを使って艦上型X-32Cの評価も受けることとしました。一方、ロッキード・マーチンは通常離着陸型のX-35Aと艦上型のX-35Cを製造し、このうちX-35Aを短距離離陸垂直着陸型のX-35Bに改造して評価を受けることとしました。また、X-35Aの改造などで問題が生じた際などのバックアップとして、X-35Cも同様にX-35Bへの改造が可能にされていましたが、実際の作業でその必要は発生しませんでした。この作業での評価のポイントは、機体自体に重きが置かれており、センサー類や兵器の発射能力などの実証は不要でした。

概念実証作業で飛行するロッキード・マーチンX-35A。X-32、X-35は、ともに優れた能力を発揮できる機体設計だったが、全体的な完成度や量産に向けての変更点の少ないことが高く評価されて、ロッキード・マーチンに軍配が上がった
写真提供：ロッキード・マーチン

2/4 ボーイングX-32

リフト・ファンなどがいらないダイレクト・リフトを採用

ボーイングのX-32は、近年の戦闘機の中ではユニークな機体形状をしていました。最大の特徴はエンジン空気取り入れ口を機首下部に配置したことで、さまざまな飛行状態においてエンジンに十分な空気を導ける設計になっています。こうした機体設計にしたことについて、ボーイングは「アフォーダブルな戦闘機を開発するという考え方を追求した結果である」と説明しました。またX-32の機体全体の構造には、**モジュラー形式**という手法をとりました。各部を1つずつのモジュール・ユニットとして設計し、一方で結合部を全タイプ共通にしておくことで、各タイプでの細かな部品の共通性を確保し、同一の製造ラインでの生産を可能にするのが目的でした。

最初につくられたX-32Aは、2000年9月18日にカリフォルニア州パームデールで初飛行し、2001年3月29日には2番機であるX-32Bが初飛行しました。ボーイングはX-32Bで、エンジンの排気噴射だけで短距離離陸垂直着陸運用を可能にする**ダイレクト・リフト**という方法を採用しました。リフト・ファンなどの余分な装置を付けないことで機体重量を軽減し、システムの簡素化やエンジンへの負担の減少を図ったのです。ただし、垂直着陸やホバリングに際して姿勢を安定させるため、主排気口以外に8つの排気ノズルを備えるなど、全体のシステムはそれほど簡素化できていませんでした。艦上型の評価については、前記のとおりX-32Aを使用していて、機体にはまったく変更が加えられませんでした。それでも、着艦進入速度の試験で「要求を十分にクリアする速度を示した」と評価されています。

カリフォルニア州のパームデール飛行場に着陸するX-32A。このままの機体仕様で、艦上型X-32Cとしての評価作業も受けた
写真提供：JSFプログラム・オフィス

2つのエンジン排気口を真下に向けて垂直着陸態勢に入ったX-32B。このほか、真後ろにジェット排気を出して推進力を得る主排気口が機体最後部にある
写真提供：JSFプログラム・オフィス

ロッキード・マーチンX-35

揚力発生専用の機構を装備

ロッキード・マーチンの実証初号機はX-35Aで、2000年10月24日にカリフォルニア州パームデールで初飛行しました。X-35Aは、同年11月22日までに27回飛行した後、X-35Bへの改造作業に入り、2001年6月23日にホバー・ピット（ホバリング専用の試験施設）から浮揚します。これがX-35Bとしての最初の飛行となりました。同年7月10日の飛行では初めて、短距離滑走で離陸し、超音速で飛行して垂直着陸する**ミッションX**と呼ばれる飛行を実施しています。

X-35Bの短距離離陸垂直着陸能力は、X-32Bとは大きく異なり、上向き推進力発生専用の**リフト・ファン**と**ベアリング式エンジン排気口**により得られています。これは量産型F-35Bにも受け継がれており、メカニズムの詳細は**2-12**で記します。

ロッキード・マーチンは、2機目のX-35を艦上型のX-35Cとして製造しました。2000年12月16日に初飛行したX-35Cは、低速の着艦進入速度要求を満たすために主翼が大型化され、面積が42.7m^{2}から57.6m^{2}になりました。これは主に外翼部を延長することで行われ、翼幅も10.05mから10.97mになっています。主翼にある操縦翼面も内翼部と追加された外翼部で分けられて、前縁フラップは2分割型になり、後縁の内翼部はX-35A/Bと同様のフラッペロン、外翼部はエルロンという構成になっています。実際の艦上運用では、降着装置の強化などが必要ですが、X-35Cの飛行試験は空母を使わず陸上だけで行うことになっていたため、X-35Aと同じものが使われています。主脚には、経費削減のためグラマンA-6のものをそのまま使いました。

水を撒いた滑走路上で、リフト・ファンとエンジン排気口による水の巻き上げについて試験するX-35B。主にエンジンの水吸い込みについて調査された　写真提供：JSFプログラム・オフィス

飛行するX-35C。X-35Aから主翼が大幅に拡大された。またコクピット後方にはリフト・ファンの装着スペースやリフト・ファン用の扉が設けられていたが、活用されることはなかった　写真提供：JSFプログラム・オフィス

2/6 システム開発および実証（SDD）に向けて

AA-1、「シグネチャー・ポール」機

2-1で記したとおり、2001年10月26日、量産型の開発段階の作業であるシステム開発および実証（SDD）と呼ばれる段階にロッキード・マーチンが進みました。飛行開発作業用に**14機の飛行試験機**の製造、加えて**8機の地上試験機**を製造する契約が結ばれました。

これらの内訳は、飛行試験機は通常離着陸（CTOL※1）型のF-35Aが5機、垂直離陸短距離離着陸（STOVL※2）型のF-35Bが5機、艦上C型（CV※3）のF-35Cが4機となります。地上試験機は各タイプ2機ずつの構造試験機と、CV型の着艦強度を確認するためのF-35Cの落下試験機1機、ステルス性を確認する上で欠かせない、レーダー反射断面積やレーダー波反射特性などを調査するための実物大のモデルである**「シグネチャー・ポール」**機が1機でした。

ただ、飛行試験機については、「経費削減のため、各タイプを製造する前にF-35の基本的な要素を試験・確認する必要がある」とされて、1機が追加されました。この機体はF-35Aと同じCTOL仕様機ですが、F-35A自体を反映しているものではないためF-35Aとは呼ばれず、**AA-1**と名付けられました。このAA-1が加えられたことで、いったんはSDDの飛行試験機が15機になりましたが、その後、作業計画が見直されるなどして、製造する飛行試験機は13機に減らされました。

AA-1は2006年12月15日に初飛行して飛行試験作業に入り、2009年11月14日に91回目の飛行を行って役目を終えました。

※1 CTOL：Conventional Take-Off and Landing（シートール）
※2 STOVL：Short Take-Off and Vertical Landing（ストーブル）
※3 CV：Carrier Variant

SDD作業でF-35各タイプに共通した飛行要素の試験のために追加されたAA-1。機体の基本形状はCTOL型のF-35Aと同じだが、純粋な機体の開発試験機なので、レーダーなどのセンサーや兵器システムなどは備えていない
写真提供：JSFプログラム・オフィス

「シグネチャー・ポール」機。レーダー反射断面積など、ステルス性にかかわる各種の調査・試験に用いられた実物大模型である
写真提供：JSFプログラム・オフィス

2/7 システム開発および実証（SDD）飛行試験機

13機はそれぞれの役目を果たした

F-35のシステム開発および実証（SDD）飛行開発機は13機となり、タイプに飛行（Flight）開発機のFを組み合わせてF-35Aは**AF**、F-35Bは**BF**、F-35Cは**CF**と呼ばれるようになりました。それに製造順の番号を付けて**AF-01**、**BF-02**、**CF-03**などとし、個別の機体を示すことになりました。これは、アメリカ軍向けの量産機にも受け継がれています。AA-1を除くSDD機12機それぞれの初飛行は、次のとおりです。

① AF-01：2009年11月14日	⑦ BF-03：2010年2月2日
② AF-02：2010年4月20日	⑧ BF-04：2010年4月7日
③ AF-03：2010年7月7日	⑨ BF-05：2011年1月28日
④ AF-04：2010年12月30日	⑩ CF-01：2010年6月7日
⑤ BF-01：2008年6月11日	⑪ CF-02：2011年5月16日
⑥ BF-02：2009年2月25日	⑫ CF-03：2011年5月21日

これらのうち、BF-02は2010年6月7日にマッハ1.07で飛行し、F-35のSDD機として初めての超音速飛行を記録しました。また、BF-04はレーダーなどの電子機器を搭載した最初の機体でした。F-35AではAF-03が同様で、搭載電子機器に関する初期試験や評価作業がこの2機で実施されています。初期の兵器や兵器倉関連の確認試験にはAF-02が用いられ、機関砲の射撃試験にも使われています。

F-35AのSDD2号機であるAF-02。写真は、2010年4月20日に初飛行したときのもの
写真提供：ロッキード・マーチン

リフト・ファンの扉を開けて飛行するBF-01。特殊な用途向けにつくられたAA-1を除けば、BF-01がSDD機で最初に飛行した
写真提供：ロッキード・マーチン

SDD機の最終製造機となったCF-03。初飛行は2011年5月21日。約4年半で13機すべてのSDD機が飛行した
写真提供：ロッキード・マーチン

2/8 量産型F-35A①

固定装備の機関砲や受油口を装備

F-35の基本タイプは、アメリカ空軍向けに開発されたCTOL型のF-35Aで、F-35BとF-35Cはその派生型です。アメリカ空軍はロッキード・マーチンF-16ファイティング・ファルコンとフェアチャイルドA-10サンダーボルトⅡを統合打撃戦闘機（JSF）で置き換えることにしました。一時は「A-10の分をF-35Bとする」ことも検討しましたが、2タイプの併用には無駄が多いことから（特に操縦や戦術訓練）、当初の予定どおりF-35Aのみの装備にしています。

F-35は、高いステルス性を維持した行動が基本なので、機外に搭載ステーションはあるものの、この搭載ステーションを使用しないで行動することも重視されています。このため、特にレーダー反射断面積と飛行中の抵抗を増大させる**増槽**を携行しなくても大きな戦闘行動半径を得られるよう、機内燃料搭載量を可能な限り大きくしており、F-35Aは機内燃料搭載量が8,278kgと、F-16Cの3,985kgに対して約2.1倍あります。これによりF-35Aの戦闘行動半径は590nm※（1,093km）以上となっています。

F-35Aは3タイプで唯一、左主翼付け根上部の胴体内にGAU-22/A 25mm 4砲身ガトリング式機関砲1門を固定装備しています。これは、**機関砲を内蔵して固定装備とするという空軍独自の要求**があったためです。なお、機関砲の砲口は比較的大きなレーダー反射源となってしまうため、砲口部にはカバーが付けられており、レーダー反射を生み出さないようにされていて、カバーは射撃すると跳ね上がるようになっています。空軍は空中給油にフライング・ブーム方式を使っているので、そのための受油口が胴体背部中央にありますが、これもF-35Aだけの特徴です。

※ nm：nautical mile（海里）

編隊飛行するアメリカ空軍のF-35A。左主翼の付け根部胴体内に25mm機関砲を固定装備しているので、その部分に細長く盛り上がったフェアリングがある　写真提供：アメリカ空軍

胴体背部中央の受油口にブームを差し込んで、KC-135Rから空中給油を受けるF-35A。この空中給油を用いているのは、F-35を装備するアメリカ3軍では空軍だけである　写真提供：アメリカ空軍

2/9 量産型F-35A②

イタリアだけはF-35Bも導入する

F-35の量産型で最初に部隊配備されたのは、アメリカ空軍のF-35Aです。試験部隊を除けば、2011年7月からフロリダ州のエグリン空軍基地に所在する第33戦闘航空団が、空軍の操縦教官を養成、続いてパイロットの操縦訓練も実施するようになり、あわせて整備士などの要員養成も始めました。

さらに第33戦闘航空団は、海兵隊と海軍のパイロットにも操縦訓練を施す統合訓練センターとなります。F-35BとF-35Cが配備されるまでの間は、海軍と海兵隊のパイロットもF-35Aを操縦し、海軍と海兵隊の訓練部隊も傘下に収めました。現在では、海兵隊は本来の配備基地に部隊を移し、空軍も本格的な訓練部隊の編成を進めています。アメリカ空軍と海外運用国の整備士は、引き続きエグリン空軍基地で教育しています。

F-35AはF-35の基本型であることから、**海外運用国も基本的にこのタイプを導入**することにしています。例外は、空軍と海軍が共同運用するイギリスで、F-35Bだけを導入します。またイタリアは、空軍が60機のF-35Aのほかに15機のF-35Bを装備し、さらに海軍も15機のF-35Bを装備することにしています。今のところ、そのほかの国は、すべてF-35Aを採用しています。

F-35の海外運用国については第6章でも取り上げますが、F-35Aの装備を決めているアメリカを除く10カ国のうち、2018年3月の時点でイギリス、イタリア、オランダ、オーストラリア、ノルウェー、デンマーク、イスラエル、そして日本の8カ国が機体を受領し始めています。9番目の受領国となったのは韓国で、2018年3月に1番機が引き渡されました。

●F-35A主要データ

全幅：10.67m、**全長**：15.67m、**全高**：4.38m、**水平安定板幅**：6.86m、**主翼面積**：42.7m^2、**空虚重量**：13,290kg、**最大離陸重量**：31,752kg、**エンジン**：F135-PW-100（178kN級）×1、**機内燃料重量**：8,278kg、**最大速度**：マッハ1.6、**兵装類最大搭載量**：8,165kg、**戦闘行動半径**：1,093km以上、**航続距離**：2,200km以上、**最大荷重**：+9.0G

写真提供：アメリカ空軍

F-35の海外運用国も、空軍は基本的にF-35Aを導入している。日本もまたF-35Aの導入を始めている。写真はAX-05。唯一の例外はイタリアで、F-35AとF-35Bを併用する　写真提供：赤塚 聡

2/10 量産型F-35B①

ハリアー・ファミリーとは似て非なるシステム

F-35Bは、アメリカ海兵隊が垂直/短距離離着陸(V/STOL※)作戦機であるAV-8BハリアーⅡの後継機として**STOVL能力を求めて開発された**ものです。世界初の実用V/STOL機ハリアーを開発したイギリスも、「空軍と海軍のハリアー・ファミリーの後継機にできる」と考えて、プログラム当初からJSFに深くかかわることにしました。V/STOLとSTOVLは同義語と捉えて構いません。

ハリアー・ファミリーは、垂直離陸でミッションをこなすことがありましたが、その場合、離陸に大きなエネルギーが必要なので、燃料や兵装の搭載量に制約が生じ、戦闘力を削ぐことになってしまいました。しかし、短い距離でも滑走すれば主翼が揚力を発生するので、燃料や兵装の搭載量を増やせます。このため「短距離滑走で離陸して、垂直着陸で帰投する」というのが標準的な運用方式となっていったのです。すなわち**STOVLは、この種の航空機の飛行パターンをより厳密に表した用語**ということです。

前任機となるアメリカ海兵隊のAV-8BハリアーⅡ(左)と編隊を組んだF-35B。AV-8Bは、ハリアーをライセンス生産したマクダネル・ダグラス(現ボーイング)が、ハリアーの大幅な能力向上を実現するために開発したもの。その能力が認められてイギリス空軍も装備することとなり、ブリティッシュ・エアロスペース(現BAEシステムズ)も製造することとなって、技術が逆輸出された
写真提供:アメリカ海兵隊

※ V/STOL : Vertical/Short Take-Off and Landing(ブイエストール)

そのSTOVLの実現についてですが、**ハリアー・ファミリーとF-35Bではまったく異なったシステム**を用いています。ハリアーは、エンジン本体に4個の回転式排気口を装着し、これらを同時に回転させて排気の向きを変えることで、短距離滑走離陸、ホバリング、垂直着陸を可能にしました。これに対しF-35Bは、回転式のエンジン排気口と、下向きの噴流をつくり出すリフト・ファンという専用の装備を組み合わせています。このエンジンの排気口は、旧ソ連の超音速V/STOL戦闘機ヤコブレフYak-141“フリースタイル”に範をとったものですが、Yak-141は軍に採用されなかったので、F-35Bはこの方式を最初に実用化したSTOVL戦闘機となりました。

2/11 量産型F-35B②

概念実証機からの変更はごくわずかだった

ロッキード・マーチンの概念実証機であったX-35は極めて完成度が高く、量産型の基となったSDD（システム開発および実証）機の製造に際しての設計変更もごくわずかでした。たとえばX-35AからF-35Aへの変更点は、電子機器やセンサー類の搭載スペースを拡大するために前部胴体を12.7cm延長、前部胴体の延長に対応して水平安定板を後方に5.1cm移動、胴体内燃料搭載量増加のために胴体の背部を2.5cm高める、空力特性を改善するために垂直安定板の位置をわずかに変えるなどで、目をこらしても違いはほとんどわかりません。

しかしF-35Bでは、はっきりとわかる違いがありました。**リフト・ファン用の両開き式扉が、1枚の後方ヒンジ式扉に変更された**のです。これは、機構を簡素化して整備性を高めるとともに、重量を軽減するための措置でした。そしてこの変更点は、量産型F-35Bにもそのまま受け継がれました。

またF-35Bは、STOVL関連のシステムを装備していることを除いて、基本機体フレームはF-35Aと同一ですが、公表データではF-35Bの全長はF-35Aよりも6cm短く、水平安定板幅も22cm狭くなっています。これは各種試験の結果、ホバリング時の安定にかかわる問題を解決するため、垂直尾翼と水平尾翼をごくわずかに小さくしたことによるものです。

なお、STOVLシステムの装備で**自重は増加**しています。このため、機内燃料搭載量と兵装類最大搭載量は減っています。特に機内燃料搭載量については、リフト・ファンを装備したことで、そのスペースがかなり減少しました。

強襲揚陸艦LHD-1 USSワスプに着艦するF-35B。リフト・ファン用の扉が、後方ヒンジ式の大きな1枚になっている。その後方の補助扉が2枚なのは、X-35Bから変わっていない　写真提供：アメリカ海軍

●F-35B主要データ

全幅：10.67m、**全長**：15.61m、**全高**：4.36m、**水平安定板幅**：6.64m、**主翼面積**：42.7m²、**空虚重量**：14,651kg、**最大離陸重量**：31,752kg、**エンジン**：F135-PW-600（178kN級）×1、**機内燃料重量**：6,124kg、**最大速度**：マッハ1.6、**兵装類最大搭載量**：6,804kg、**戦闘行動半径**：833km以上、**航続距離**：1,667km以上、**最大荷重**：＋7.0G

写真提供：アメリカ海軍

2/12

F-35BのSTOVLシステム①

旧ソ連で開発されたベアリング式回転排気口

F-35Bの最大の特徴は、極めて短距離の滑走で離陸でき、ヘリコプターのようなホバリング(空中停止)や垂直着陸ができることです。もちろん、垂直離陸も不可能ではありません。こうした能力を実現するため、F-35Bではコクピットのすぐ後ろに、大きな持ち上げる力(揚力)を発生させる**リフト・ファン**を装備しています。加えてエンジンの排気口は3つのベアリングを使った回転式にして、**ジェット排気の向きを真後ろから真下まで変えられる**ようにしています。

リフト・ファンは2段構成になっていて、エンジンの回転軸にギアを介して回しています。また、リフト・ファンはSTOVL運用時以外は不要なので、使わないときのためにクラッチが付けられています。ファンはクラッチをつながなければ回転しません。リフト・ファン装着部の胴体には、上面にファン用の空気取り入れ口扉があり、また下面にもファン流噴出口用の扉があります。

上方から見たリフト・ファン。真下に向けて強い噴流を吹き出すことで、機体前方に大きな揚力を発生させる

写真提供:アメリカ海軍

エンジンのベアリング式

回転排気口は、旧ソ連で開発され、飛行試験などですでに実績を積んでいたものです。メカニズム的には複雑になるものの、軽量・コンパクトなシステムなので、ロッキード・マーチンがそのシステムを買い取って使用することにしたのです。

この排気口のもう1つのメリットは、超音速飛行に欠かせない**再燃焼（アフターバーナー）機構を、ほかのエンジンと同様に通常の方式で装備できる**ことです。これにより、3タイプすべてでこの部分を共通にできました。ただしF-35Bでは、排気口が完全に後ろ向きになるまでは、アフターバーナーに点火できません。

リフト・ファンの模型。リフト・ファンは、イギリスのロールスロイスが設計したもの。ファン自体は、エンジンの回転軸で駆動しているが、軸の結合は水平なので、垂直に転換するギアが組み合わされている

写真：青木謙知

3ベアリング式回転推力偏向排気口の模型。オリジナルの設計は旧ソ連で、Yak-141のソユーズR-79V-300エンジン用に開発されたものである

写真：青木謙知

リフト・ファンvs.ダイレクト・リフト

超音速飛行できないダイレクト・リフト

F-35BはSTOVL技術として、**リフト・ファンと推力偏向排気口の組み合わせ**を用いましたが、ライバル機であったボーイングX-32や、世界最初の実用V/STOL機のハリアー・ファミリーは、**ダイレクト・リフト**（**直接持ち上げ**）という方式を使用しています。これは、エンジンのジェット排気の向きを変えることのみで、短距離滑走での離陸やホバリング、垂直着陸を可能にするものです。

ハリアー・ファミリーの場合、エンジン最後部に設けられるジェット排気を噴出する排気口を完全に塞ぎ、一方でエンジン本体の左右に回転式排気口を2つずつ取り付けて、それを一斉に動かすことでジェット排気の向きを変えます。真後ろにすれば前進飛行ができ、真下にすればホバリングや垂直着陸ができます。真下だけでなく、わずかですが前方にまで回せたので、後進飛行もできました。アフターバーナーと同様の効果を発揮するシステムも研究されましたが、実用化は困難とされ、「この方式で超音速機は実現できない」とするのが一般的な考え方となりました。

X-32では、エンジン本体のほぼ中央下面に可動式の排気口を2つ取り付け、それを動かすことによってSTOVL運用できるようにしました。一方、ハリアーのエンジンとは異なり、後方の排気口を残したので、アフターバーナーも取り付けられています。

さらに、排気口の上下に板（パッド）があり、上下に動く二次元式の推力偏向排気口にもなっています。これにより、短距離滑走離陸時に効果を発揮するとともに、着陸進入速度の低速化にも一役買いました。

ロールスロイスが開発してハリアー・ファミリーに使われたペガサス・ターボファン・エンジン。エンジン本体に空いている穴の部分に、回転式の排気口が装着される
写真提供：アメリカ海軍

回転式排気口を真下に向けてホバリングするAV-8BハリアーⅡ。第2世代型のAV-8Bでは排気口先端を真っすぐにするゼロ・スカーフ・ノズル形状を採用したことで、エンジン排気の利用効率が高まっている
写真提供：アメリカ海軍

2/14

F-35BのSTOVLシステム②

余裕でホバリングできる推力を発揮する

F-35Bの推進システムのメカニズムには、これまでに記したリフト・ファンに加えて、ホバリングや垂直着陸時に機体の姿勢を微調整する**ロールポスト**と呼ばれるものがあります。このロールポストは、エンジンのバイパス空気流からの抽出空気を、左右主翼下面にある**空気放出口**から噴出するものです。操作装置などはなく、飛行操縦コンピューターが、機体を取り巻く各種の状況とパイロットの操作をもとに適切に噴出します。なお、この噴出口の扉の開閉は油圧システムで作動します。

F-35Bで必要とされていたホバリング時の合計推力は**173.5kN**ですが、実際にはエンジンの排気で80.0kN、リフト・ファンで84.0kN、左右のロールポストで計16.5kNの下向きの力を出していますので、合計は**180.5kN**となり、必要とされる推力を、余裕を持って超えています。

なお、リフト・ファンの底部には**可変面積ベーンを使ったノズル**が付けられていて、噴出空気流が制御・整流されています。また、リフト・ファンから噴出される空気流は、後方のエンジン排気が機体前方に回り込んでくるのを避ける「スクリーン」として機能し、エンジンが熱い空気を吸い込んで運転効率を低下させる事態も避けられます。

AV-8BハリアーⅡでは、胴体の下に回り込んだ空

※ LIDS：Lift Improvement DeviceS（リッズ）

気を板で囲い込んで持ち上げる力にする**揚力増強装置**（**LIDS**※）を必要に応じて装備しますが、F-35Bでは**兵器倉扉**がその役割を果たしています。このため実際の運用でF-35Bがホバリングや垂直着陸をする場合、自動的に兵器倉扉が開きます。

真下から見たF-35B。エンジン排気口が完全には下を向いていないので、ホバリングに移ろうとしているときに撮影されたものである。兵器倉扉はまだ開いていない。左右主翼下面のほぼ中央にある開口部がロールポストの空気放出口。機体はSDD2号機のBF-02
写真提供：ロッキード・マーチン

2/15

量産型F-35C

艦上戦闘機として不可欠な装備が搭載された

F-35CがX-35Cをベースにした点は、F-35のほかのタイプと同様です。X-35Cの完成度が高かったことから、設計上の変更点が少なかったこともまた、ほかのタイプと同様です。ただ、主として着艦進入速度をできるだけ遅くするために、**主翼がわずかに大型化**されました。このため全幅が、X-35Cの10.97mに対しF-35Cは13.11mに、主翼面積がX-35Cの57.6m^2に対しF-35Cは62.1m^2になりました。

また、実用艦上戦闘機にとって必要不可欠な降着装置とその取り付け周辺構造の強化、前脚の二重車輪化とカタパルト発進バーの装着、頑丈な着艦拘束フックの装備、艦上における省スペース化のための主翼折り畳み機構の導入などが、当然行われています。F-35Cの開発初期にはこれらに不具合が見つかり、「カタパルト発進バーが十分に下がらない」「着艦拘束フックがワイヤをしっかり捉えられずに放してしまう」「フックが収納部にきちんと収まらない」などが指摘されました。これらはすぐに修正され、ニュージャージー州のマックガイヤ - ディックス - レイクハースト統合基地の**模擬発着艦試験設備で繰り返しチェック**されました。

なお、F-35CはSDD機の製造数が削減されたこともあり、SDD機は3機しかつくられず、初期の量産型が追加の飛行試験に用いられました。このこと自体はほかのタイプでも同様でしたが、F-35Cは特にその度合いが大きくなったのです。なお、ほかの2タイプは2016年までに限定的な作戦能力が認定されていますが、F-35Cは2018年10月がその目標（猶予期間は2019年2月）となっています。

F-35C主要データ

全幅：13.1⁻m（折り畳み時9.47m）、**全長**：15.70m、**全高**：4.48m、**水平安定板幅**：8.02m、**主翼面積**：62.1m^2、**空虚重量**：15,785kg、**最大離陸重量**：31,752kg、**エンジン**：F135-PW-400（178kN）×1、**機内燃料重量**：8,959kg、**最大速度**：マッハ1.6、**戦闘行動半径**：1,111km以上、**航続距離**：2,222km、**兵装類最大搭載量**：8,165kg、**荷重制限**：+7.5G

写真提供：ロッキード・マーチン

空母USSドワイト D.アイゼンハワー艦上で主翼を折り畳んだF-35C。艦上でのスペース節約を目的にした主翼折り畳み機構もまたF-35C独特の装備で、折り畳むと全幅はF-35A/Bよりも小さくなる

写真提供：アメリカ海軍

2/16

F-35Cの強度試験

艦上戦闘機は強度がとりわけ求められる

空母から運用される艦上固定翼機は、着艦時に激しい衝撃が機体(主に降着装置)にかかります。陸上の飛行場への着陸でも、車輪が滑走路に接地するときに多少の衝撃はありますが、着艦の場合は、着艦拘束フックがワイヤを捉えると甲板に叩きつけられるようにして空母に降り、さらに停止するまでワイヤで引っ張り続けられます。「着艦で滑走する距離を短縮するには、より激しくタッチダウンしたほうがよい」ともいわれ、こうしたことから空母への着艦を、**制御された墜落**とたとえることもあります。

こうした力に耐える各部の機体強度は、F-35C以外には求められないので、**頑丈な機体構造は艦上型F-35C特有**のものです。機体構造を簡素にすれば、その分、機体重量を軽くできるからです。この強度などを確認するため、**F-35Cでは専用の特別な強度試験機**がつくられて、確認作業が行われました。具体的には「高さ約2.4mから秒速6.1mで落下させても耐えられる」ことを確認するもので、この作業は2010年6月までにすべて終了しています。

ちなみに、**2-6**で記したように、機体の基本的な強度や疲労度合を確認する地上の構造試験機は各タイプ2機がつくられて、AG-01と02、BG-01と02、CG-01と02と呼ばれました。この着艦強度の試験に使われたのは**落下試験機**と呼ばれ、CG-03になるはずですが、そうした表記はこれまでのところ見当たりません。

また、着艦の衝撃を和らげるには脚柱の干渉装置も重要で、F-35Cはこれもほかのタイプとは異なる吸収力の大きなものを装備しています。

艦上型F-35C独特の、降着装置の強度試験に用いられたF-35C落下試験機

写真提供：JSFプログラム・オフィス

空母甲板にタッチダウンした直後のF-35C。「制御された墜落」とも比喩される。写真の機体はCF-05

写真提供：アメリカ海軍

2/17

各種の飛行試験①

飛行特性、空中給油など

航空機の開発ではさまざまな項目の**飛行試験**が行われ、段階的に高度な内容へと移行していきます。作戦能力の確保には**ミッション・ソフトウェア**と呼ばれる、作戦遂行のためのソフトも開発され、こちらも徐々にアップグレードされていきます。これについては**第4章**で記します。飛行試験では、まず基本的な操縦性や操作に対する反応が確認され、問題なければ**飛行領域の拡張**に入ります。飛行領域の拡張とは、基本的には速度と高度について、設計目標値に徐々に近付けていくものです。加えて、離着陸性能や上昇力、最小操縦速度なども確定していきます。ほかに、旋回能力をはじめとする運動性についても、段階を踏んで敏捷性などのレベルを高めていきます。

これで基本的な飛行能力が確認されると、**スピンなど通常状態からの逸脱**（ディパーチャー）の特性や回復などが調査・評価されて、飛行に関する試験をほぼ終了します。こうした基本的な飛行特性に関する試験で収集された情報やデータが、フライト・マニュアルの作成に用いられます。ディパーチャー試験では、操縦ができなくなった場合に備えて**回復用のパラシュート**を装備し、いざというときにはそれを開いて一時的に宙づり状態にし、安定したら切り離して飛行を再開します。これはどのような戦闘機でも同じで、F-35も各タイプで1機ずつが装着しました。ただし、近年の戦闘機開発で使用された例はなく、F-35も同様でした。こうした作業と並行して、作戦行動に関連した試験も実施されますが、作業の初期段階では実証・確認された飛行領域内での飛行に限定されます。

後部胴体にスピン回復シュートを装着したAF-06。F-35では各タイプ1機ずつが同様のものを装着し、F-35BはBF-04、F-35CではCF-04に装備された　写真提供：ロッキード・マーチン

空中給油はアメリカ空軍KC-135やKC-10をはじめ、アメリカ軍以外の機種でも試験された。写真はアメリカ海軍の試験部隊VX-20のKC-130Rから、プローブ・アンド・ドローグ方式で2機同時に給油を受けるF-35C　写真提供：アメリカ海軍

各種の飛行試験②

地上衝突回避装置

F-35は、ある程度の高度にいれば（高度に余裕があれば）、ディパーチャー（通常状態からの逸脱）に陥っても、自動的に姿勢を回復する**地上衝突回避装置**（GCAS※）が搭載されていて、飛行の安全性を高めています。この項の写真は、AF-06が行ったその試験の連続写真です。

F-35A AF-06によるGCAS試験の連続写真

写真提供：ロッキード・マーチン

※ GCAS：Ground Collision Avoidance System（ジーキャス）

CF-08によるGCAS試験の連続写真。タイプはもちろん違うが、前ページの写真と大きな違いは見て取れない。このことはF-35AとF-35Cのディパーチャー特性がよく似ていることを示している。なお、F-35Bについてはこうした写真が公表されておらず、実施されているかどうかも不明である

写真提供：ロッキード・マーチン

2/19 各種の試験③

兵器試験

戦闘機の開発試験で重要なことが、**兵器運用能力の確認**です。F-35はどのタイプでも空対空と空対地双方の作戦能力が持たされることになっており、搭載予定の兵器も多岐にわたります。近年は、兵器システムと兵器の双方に高度技術が駆使され、複雑さが増しています。それを制御するのが**ミッション・ソフトウェア**ですが、最初からすべてを盛り込むのは困難なので、バージョン・アップで運用できる兵器の種類を増やします。

兵器関連の試験では、まず兵器1種類ごとに、発射や投下を模擬して、機体からきちんと分離するかを確認し、それから実際の発射・投下に進みます。もちろん、対応するミッション・ソフトウェアがそれまでに完成していなければなりません。また、兵器の誘導には、レーダーなど各種センサーを使うケースがほとんどですが、その各種センサーの機能も、ミッション・ソフトウェアのバージョン・アップでカバーするため、初期段階は極めて限定なものになっています。

F-35は高いステルス性を維持するため、兵器類のほとんどを胴体内2カ所の兵器倉に搭載します。まず、きちんと収容できるかに始まって、地上での落下試験、空中での投棄・分離試験を経て、投下・発射試験へと進んでいきますが、2018年前半の時点では、まだ、すべてが終了したわけではありません。

F-35の国際運用国は、ほとんどがアメリカ空軍と同じ兵器を使うことにしています。しかし、イギリスは早い段階から一部の空対空ミサイルとレーザー誘導爆弾を、独自のものにすることを決めています。これについても、初期の試験作業はF-35BのSDD機により、アメリカで行われています。

胴体内の兵器倉からAIM-120 ARAAMの分離試験を行うAF-01。この作業で分離に問題がないことが確認された後、実際の発射試験に進む。機体やミサイルに付いている多数の小さな丸いマークは、撮影した映像を分析する際の目印である
写真提供：ロッキード・マーチン

兵器扉を開いて、左右の兵器倉に爆弾を搭載していることを見せるBF-03。搭載しているのはGBU-31 454kg JDAM誘導爆弾の模擬弾である
写真提供：ロッキード・マーチン

2/20 各種の試験④

艦上試験

アメリカ海軍のF-35Cと海兵隊のF-35Bは、艦船の艦上から作戦運用するのが基本です。アメリカ海軍では空母が、海兵隊では強襲揚陸艦が使用され、この2機種の開発試験作業では、**空母および強襲揚陸艦との運用適合性の確認が極めて重要**です。このため、この2機種では実際の艦船を用いて試験されました。

まず、発着艦をはじめとする基本的な運用、高密度電磁環境下（艦船が装備する管制レーダーなどによる艦船周辺の限られた範囲）での干渉の有無などを確認する**開発試験**（**DT**※1）を実施し、続いてほかの機種との運用互換性の確認や、兵器類の取り扱いなど、実際の艦上運用に近付けた**運用試験**（**OT**※2）へと進めました。F-35CのOTでは、兵器を左右非対称に搭載しての発着艦も試験されています。

このDTとOTは、さらに複数の段階に分けて行われ、F-35BとF-35CはともにDTが3回（DT-Ⅰ～Ⅲ）、OTが1回（OT-Ⅰ）行われています。F-35Bは、DT-Ⅲ以外はUSSワスプが使われ、OT-Ⅰ終了後に、限定的な作戦能力が認定されました。

F-35Cは毎回異なる空母で試験されていますが、さらに追加の作業が必要と考えられます。というのも、アメリカ海軍の最新空母であるジェラルド R.フォード級空母では、発進に使うカタパルトが、蒸気の力によるこれまでの**スチーム・カタパルト**から、電磁力の反発を活用したリニアモーターを使う**電磁カタパルト**（**EMALS**※3）になるためです。EMALSについては、マックガイヤ‐ディックス‐レイクハースト統合基地に設置した地上の模擬システムでFC-03により試験が実施されていますが、実際の艦船を使っての試験は不可欠です。

※1 DT：Developmental Test
※2 OT：Operational Test
※3 EMALS：Electromagnetic Aircraft Launch System（イーマルス）

DT-Ⅰで強襲揚陸艦USSワスプから短距離滑走で発艦するBF-02　写真提供：アメリカ海軍

DT-Ⅲで、空母USSジョージ・ワシントンの艦上に展開したF-35C。DT-Ⅲに参加したのは、F-35Cのパイロットを養成しているアメリカ海軍艦隊訓練部隊のVFA-101“グリム・リーパーズ”であった
写真提供：アメリカ海軍

Column 2

スキージャンプ甲板

重い機体を短距離離陸させるために考案

艦船からのSTOVL機を運用するにあたり、短距離滑走かつより重い状態でも発艦できるように考えられたのが、**甲板先端が上向きにされた甲板**です。スキー板の先端のように反り上がっていることから**スキージャンプ甲板**と呼ばれています。考案したのはイギリスで、イギリスとイタリアはスキージャンプ甲板付きの**軽空母**を保有し、F-35Bの活動拠点にすることにしています。ただし、アメリカは強襲揚陸艦にこうした甲板を装備することを考えていません。

スキージャンプ甲板を模擬した試験台を使って離陸するBF-04。メリーランド州のパタクセント・リバー海軍航空基地に設置されたものだ
写真提供：アメリカ海軍

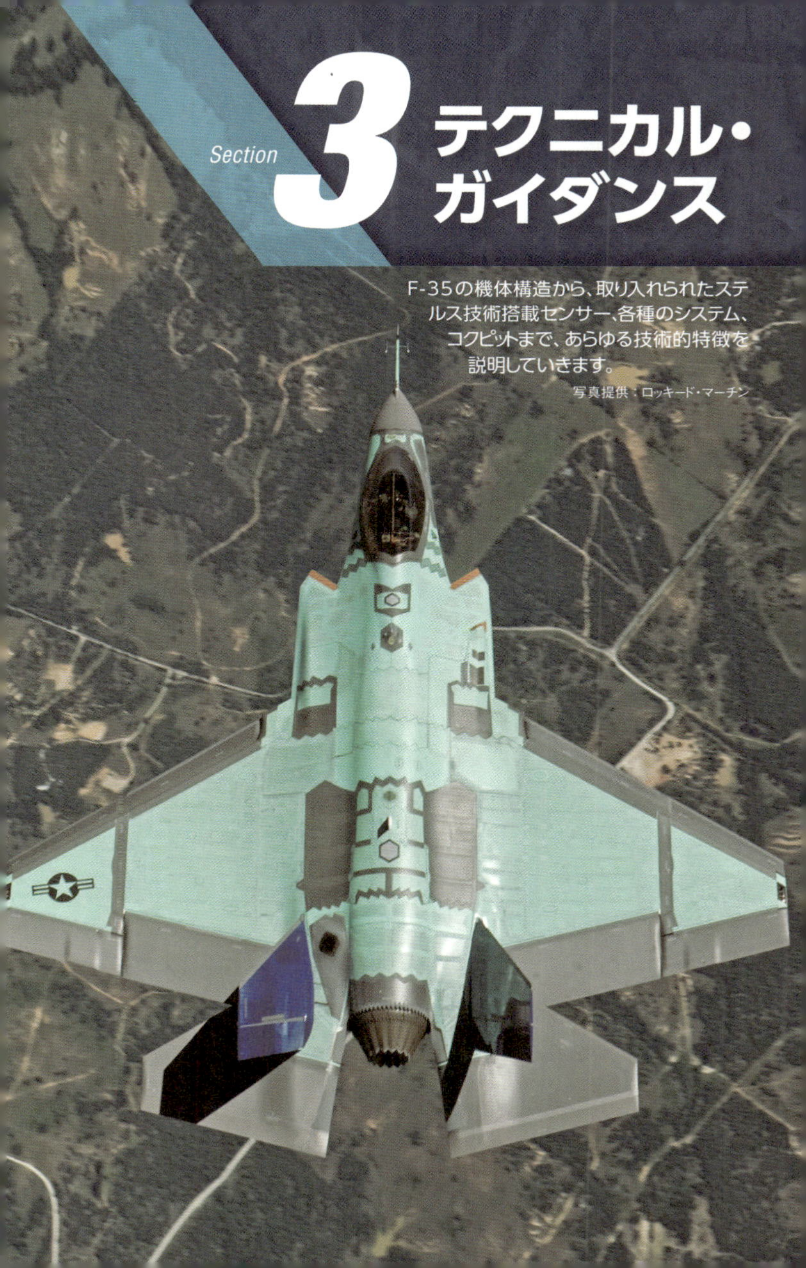

Section

3 テクニカル・ガイダンス

F-35の機体構造から、取り入れられたステルス技術搭載センサー、各種のシステム、コクピットまで、あらゆる技術的特徴を説明していきます。

写真提供：ロッキード・マーチン

3/1

F-35のステルス性①

F-22Aに次ぐ低RCS（レーダー反射断面積）を実現

第5世代戦闘機であるF-35は、高い**ステルス（隠密）性**を大きな特徴の1つにしています。ステルス性は、あらゆる探知手段に発見されにくいことを意味しますが、航空機では、主にレーダーによる探知を困難にするという意味で用いられています。高いステルス性、すなわちレーダーに発見されにくい特性は、今日の戦闘機では不可欠とされるようになってきています。

ステルス性は、**レーダー反射断面積（RCS※）**で判定されます。RCSを小さくする（ステルス性を高める）ための技術としては、レーダー波を吸収する機体構造や塗料なども開発されていますが、機体全体の設計でRCSを小さくするのも重要です。主翼や尾翼の後退角、機体各部にあるパネル類の継ぎ目の角度などを、可能な限り特定の角度に整合（同一化）する**エッジ・マネージメント**や、エンジン前方の空気取り入れ口からエンジンにつながるダクトを曲げることでエンジン前面にレーダー波を届きにくくして、そこからの電波反射を抑制する**曲がりダクト**、コクピットを覆う**キャノピーに特殊なコーティングを施す**ことなどが、効果的な設計手法として知られています。もちろん、F-35にもこれらのステルス技術が取り入れられています。

この結果、F-35AのRCSは0.005〜0.015m^2と推定されています。これは、大型・双発で航空自衛隊の主力戦闘機であるF-15の10〜25m^2はもちろん、小型・単発のF-16の5m^2よりも、はるかに小さい数値です（F-16で低RCS仕様にしたものは1〜2m^2）。現用の戦闘機でF-35AよりもRCS値が小さいのは「F-22Aだけ」といわれています。

※ RCS：Radar Cross Section

同じ第５世代戦闘機であるロッキード・マーチンF-22Aラプターと編隊飛行するF-35A。どちらも高いステルス性を特徴とするが、その構造や素材でステルス性を徹底的に追求したのはF-22Aである。このため、F-35AはF-22Aより後に開発された単発の小型機ではあるものの、RCSはF-22Aより大きいとされている
写真提供：アメリカ空軍

F-35の機体寸法はF-16より大きいが、単発の小型戦闘機であるという点では同カテゴリーである。機体が小さいことは、RCSの低減に当然有利に働くが、写真のAF-04のように主翼下にパイロンや空対空ミサイルを装着すればRCSは大きくなる
写真提供：アメリカ空軍

3/2 F-35のステルス性②

外部シールド・ライン制御、DSI

F-35のRCSが双発で大型のF-22よりも大きいとされる理由の1つは、**主翼や尾翼の前・後縁をはじめとする機体の縁取り部にレーダー波吸収素材とレーダー波吸収構造を取り入れなかった**ことにあるといわれます。F-22はそうした手法を積極的に取り入れましたが、それが機体価格を大きく引き上げることになったと考えられたため、F-35をアフォーダブルなステルス戦闘機にするために採用しなかったと見られます。加えてF-35は、今後アメリカの同盟国を主体に、国際戦闘機としていくつかの国に輸出されるので、**用いるステルス関連技術を、流出しても問題のない範囲にとどめた**と考えてもよいでしょう。

一方、ロッキード・マーチンが、F-35で初めて実用化したステルス技術があります。それは、**外部モールド・ライン制御**と呼ばれるもので、機体全体に生じるパネルなどの継ぎ目からのレーダー反射を抑える工夫です。具体的には、パネル類の継ぎ目にほとんど段差が生じないように工作して機体のラインをなめらかにし、さらにその継ぎ目をレーダー波吸収素材(RAM[※1])でコーティングしています。光線の具合などによって継ぎ目のラインがはっきり見えているF-35の写真がありますが、これは外部モールド・ライン制御の結果です。

もう1つ、F-35ではエンジン空気取り入れ口に**ダイバーターレス超音速インレット**(**DSI**[※2])という設計を取り入れました。これは、超音速飛行時に発生する衝撃波を逃す**ダイバーター**と呼ばれる隙間をなくしたもので、これを使うとマッハ2を超す飛行は不可能になりますが、RCSは大幅に小さくなります。

※1 RAM:Radar Absorbent Material(ラム)
※2 DSI:Diverterless Inlet

編隊飛行するF-35B。外部モールド・ライン制御により、機体パネルの継ぎ目がRAMでコーティングされているのが見て取れる
写真提供：アメリカ海軍

F-35のエンジン空気取り入れ口は、開口部の胴体側に膨らみを設けただけの、簡素なDSIである。開口部と胴体の間にダイバーターを設けないことで隙間がなくなり、レーダー波の反射源を減らすことができた。空気取り入れ口は全タイプ共通である。写真はF-35B
写真提供：アメリカ海軍

3/3 機体構造と製造分担

前方、中央、後方に分かれる

F-35の基本機体フレームは一般的な構成で、胴体は前方・中央・後方に3分割されています。**前方胴体**にはコクピットがあり、**中央胴体**には主翼が付き、その付け根部分に空気取り入れ口があります。**後方胴体**には2枚の垂直尾翼と左右の水平尾翼が付けられ、中央胴体の後半と後部胴体の内部は、ほぼ全体をエンジンが占めています。F-35Bのリフト・ファンは中央胴体で、エンジンの直前に置かれています。

F-35の製造には、開発作業に加わった国際パートナー各国の航空産業企業が多数参加していて、各社が得意なコンポーネントなどを分担をして製造・提供しています。

前方胴体は**ロッキード・マーチン**が全タイプの製造を受け持っています。中央胴体の製造担当は**ノースロップ・グラマン**ですが、トルコの**TAI社**との間で二次供給（いわゆる下請け）契約を結び、一部の中央胴体をTAIが製造することになりました。初期のものを除けば、TAIが製造するものはトルコ空軍向けF-35Aに使われます。後方胴体はイギリスの**BAEシステムズ**が担当し、そこに付けられる垂直尾翼と水平尾翼は、BAEシステムズから二次供給企業に発注されています。主翼は、イタリアのレオナルドとロッキード・マーチンの両社が製造しています。

こうした機体の各部は、最終的にはアメリカ（テキサス州フォートワース）、日本（名古屋）、イタリア（ミラノ）に送られ、最終組み立ておよび完成検査（FACO）の実施後、F-35としてできあがります。名古屋の完成機は日本向け、ミラノの完成機はイタリア向けです。

ロッキード・マーチンのテキサス州フォートワース工場で製造されているF-35の前方胴体。写真はBF-18向けのもの。F-35は各タイプで機体フレーム自体に相違点があるが、前方胴体だけは全タイプ共通である

写真提供：ロッキード・マーチン

ノースロップ・グラマンのカリフォルニア州パームデール工場で製造されているF-35の中央胴体。写真は、完成し、名古屋への出荷前の検査を受けているAX-05の中央胴体

写真提供：ノースロップ・グラマン

主翼の特徴

高機動飛行を可能にする前縁フラップ

F-35の主翼は、F-35AとF-35Bのものは基本的に同一ですが、F-35Cのものは翼幅を拡大するとともに面積を増大し、外翼部と内翼部の境目に折り畳み機構を取り付けて、外翼部だけが上方に折れ曲がるようにしています。

F-35の主翼は、先端部に向けて先細りになっているテーパー翼と呼ばれるもので、F-35Aの主翼では、前縁で34.13度、25%翼弦で後退角は24.16度、後縁には13.01度の前進角が付けられていて、これにより、**テーパー比**（翼端部の翼弦長を付け根分の翼弦長で割った先細りの度合いを示す）は0.243となっています。

主翼の後縁にはフラッペロンがあり、横転（ロール）軸操縦を行う補助翼（エルロン）と、低速飛行時の発生揚力を大きくするためのフラップの機能を兼ね備えます。F-35Cでは主翼の外翼部が延長され、折り畳み機能のため分割されている内翼部後縁はフラッペロンのままで、外翼部後縁はエルロンになっています。

主翼の前縁には、ほぼ全翼幅にわたるフラップがあり、後縁のフラッペロンと組み合わせて作動することで、低速飛行時により大きな揚力をつくり出せるようになっています。この前縁フラップは空中戦などの機動飛行時にも効果を発揮して、**速度を失う高機動飛行を可能**にします。

F-35A/Bの場合、前縁フラップは大きな1枚のフラップですが、F-35Cでは後縁と同様に主翼の折り畳み部で分かれています。前縁フラップについてのくわしい発表資料はありませんが、F-22と同様に、下がるだけでなく上げることで、飛行可能な状態からの逸脱を回避する機能を持っていると考えられます。

ロッキード・マーチンのフォートワース工場でつくられたF-35Aの主翼の外板パネル。F-35の主翼は、ロッキード・マーチンとイタリアのレオナルドの両社により製造されている
写真提供：ロッキード・マーチン

F-35の主翼は、中央胴体の上下ほぼ中央に取り付けられた中翼配置。胴体上面とは半円形状の曲線で溶け込む形に成形されている
写真提供：ロッキード・マーチン

3/5 尾翼の特徴

F-35Cは主翼とともに大型化

F-35の尾翼は、**双垂直尾翼と水平尾翼の組み合わせ**で、垂直尾翼の後縁にはヨー（左右）軸操縦に使用する方向舵（ラダー）が付いています。水平尾翼は全体が動く全遊動式で、ピッチ（上下）軸操縦用の昇降舵（エレベーター）の役割を果たすほか、左右を逆に動かす（差動）こともでき、これによりロール操縦も補佐します。

F-35Aの垂直尾翼は、面積が左右合計で7.95m^2（方向舵を除く）で、前縁と後縁は平行ではなく、0.590のテーパー比が付いています。水平尾翼は、左右合わせて11.59m^{2}の面積があり、前縁後退角と後縁前進角は主翼と同じです。

F-35Cでは主翼が大型化されていますが、尾翼もそれに合わせて、ほかのタイプより大きくなっています。面積は公表されていませんが、水平尾翼は外側に延ばされており、その幅はF-35Aの6.86mやF-35Bの6.65mから8.02mに広がっています。垂直安定板も上に延ばされていて、これにより全高がF-35Aの4.38mやF-35Bの4.36mに対して4.48mに増えています。

F-35Bで水平尾翼幅と全高がF-35Aよりもわずかに小さくなっているのは、ホバリング特性の確保と機体重量を削減するための措置です。特に垂直尾翼は上部がわずかに切り落とされています。

垂直尾翼および水平尾翼に挟まれた後部胴体最後部にはエンジン排気口があり、その下側には、**簡素な制動用拘束フック**（F-35A）や**頑丈な着艦拘束フック**（F-35C）が付いています。F-35Bは、排気口が下向きになる場合などのために左右に分かれて開く扉になっており、フックはありません。

F-35は双垂直尾翼機で、左右の垂直尾翼はともに、わずかに外側に傾けて取り付けられている
写真：青木謙知

全遊動式の水平尾翼は、主翼とほぼ同じ位置だが、わずかに高く、前縁が主翼後縁にかぶる形で取り付けられている。
写真提供：ロッキード・マーチン

3/6

飛行操縦装置

パワー・バイ・ワイヤ

F-35の飛行操縦装置は、コンピューターを使った完全な電子制御システムで、基本的には多くの航空機で使われている**フライ・バイ・ワイヤ**と同じものです。

フライ・バイ・ワイヤは、パイロットによる操縦桿と方向舵ペダルの操作を入力し、飛行操縦コンピューターが電気信号として受け取り、パイロットの操縦意図を判断します。さらに機体を取り巻いている大気状況（風向・風速など）や飛行状態のデータも加えて、パイロットの操縦意図に合った出力信号をつくり出して、各舵面を動かします。

これは通常、油圧により動くアクチュエーターという機械を介して作動しますが、F-35では電気でアクチュエーターを動かし、さらにアクチュエーターの内部に独自の電動油圧システムを備えています。これが**電気油圧アクチュエーター**（**EHA**※）と呼ばれるものです。EHAは電気でも油圧でも作動するので、電気系統にトラブルが生じても操縦を続けられます。

F-35の一次飛行操縦翼面は、主翼後縁のフラッペロン、全遊動式の水平安定板、垂直安定板後縁の方向舵で構成されていて、このうち方向舵だけは1系統のみのEHAが使われていますが、フラッペロンと水平安定板には**デュアル・タンデム**と呼ばれる二重システムを備えたEHAが使われています。また、F-35Cでは外翼部後縁に、独立した補助翼が付けられていて、これには1系統のEHAが用いられています。こうしたF-35の操縦システムは、**パワー・バイ・ワイヤ**と呼ばれています。

※ EHA：Electro Hydrostatic Actuator

■ F-35の飛行操縦装置の構成図

F-35に用いられているパワー・バイ・ワイヤ飛行操縦装置の最大の利点は、場所を取り、重量のかさむ油圧装置を排除できることにある。油圧システムの整備も不要になるため、整備経費の削減にもつながる。ただ、F-35から完全に油圧システムをなくすことは不可能で、兵器倉扉の開閉や降着装置の上げ下げ、F-35Cの主翼折り畳み機構、F-35Aの機関砲の駆動システムには使われている。油圧装置の作動油の圧力は27.58MPa（メガパスカル）である

3/7

F135エンジン

F-35Bには高価なセラミック複合材料を使用

F-35のエンジンはプラット＆ホイットニーF135アフターバーナー付きターボファンです。F-35A用がF135-PW-100、F-35B用がF135-PW-600、F-35C用がF135-PW-400です。ダッシュ・ナンバーが異なりますが、空軍向けは100番台、海軍向けは400番台、海兵隊向けは600番台という決まりがあるためで、エンジンの基本的な部分は同じです。

本体の寸法は全長5.59m、最大直径1.30mで、コアエンジン部は、低圧圧縮機となるファンが3段、高圧圧縮機が6段です。高圧圧縮機はブレードとローター・ディスクを一体化した**統合型ブレード・ローター**（IBR※1）と呼ばれるもので、各段の圧縮機がそれぞれ1点のパーツで製造されています。このIBR設計と新設計のブレード・ローター翼型を用いたことで、圧縮効率が高められています。圧縮機に続く燃焼室はアニュラー型で、その後に1段の高圧タービンと2段の低圧タービンが続き、排気口へとつながっています。タービンについては、F-35A/Cでは1段でも十分だったのですが、STOVLシステムを追加するF-35Bでは2段にする必要があり、共通性確保から全タイプが2段となりました。

F-35B用のF135-PW-600では、ファン・ダクトをはじめとするエンジンのケーシングに**セラミック複合材料**（CMC※2）が使用されています。CMCは、チタニウムと同等の耐久性を持たせた場合、より軽量になる素材で、STOVL運用やホバリングのために機体重量を1kgでも軽くしたいF-35B用エンジンに必要でした。ただし、極めて新しい素材なので非常に高額であり、-100/-400では使用していません。

※1　IBR：Integrated Blade Rotor
※2　CMC：Ceramic Matrix Composite

屋内の試験スタンドでフル・アフターバーナー試験を行うF135-PW-100。F135の推力は、ドライで25,000lb（111kN）級、アフターバーナー時で40,000lb（178kN）級のターボファン・エンジンである
写真提供：プラット&ホイットニー

屋外の試験スタンドに設置されたF-35B用のF135-PW-600。F-35Bの推進システム全体を試験するもので、エンジン前方にはリフト・ファンがあり、リフト・ファンの上で空気吸入用の扉が開いている
写真提供：プラット&ホイットニー

3/8 降着装置と制動装置

F-35Cにはカタパルト発進バーと頑丈な制動用フックが

F-35の降着装置は前脚式3脚で、前脚は前方胴体の下側に、主脚は左右主翼の下面に付いています。もちろんすべて完全な引き込み式で、いずれも前方振り上げ式で胴体内に収められます。これらの脚柱には、軽量で強度と耐久性に優れる、**ポリマー・マトリックス複合材料**（PMC※）をベースにした素材が使用されています。

F-35A/Bは3脚とも単車輪ですが、F-35Cの前脚はほかの艦上戦闘機と同様に二重車輪で、脚柱には**カタパルト発進バー**が付いています。このバーは、空母から発進する際に機体を引っ張るシャトルに機体を固定するためのものです。

脚はコクピットの正面左側にあるレバーで上げ下げします。油圧システムで作動しますが、脚上げ状態で油圧システムが故障した場合は、降着装置を操作するレバーハンドルの下にあるボタンを押すことでロックが解除され、扉が開きます。脚は自身の重量で下がり、下げ位置でロックされるので通常どおり着陸できます。

ただ、この緊急脚下げを使用すると、降着装置の油圧システムが切れてしまうので、同様に油圧で動く前脚の操向はできなくなり、着陸後は牽引車で停止場所から移動することになります。

F-35A/Cは胴体最後部下面に**制動用フック**を備えています。F-35Cは空母への着艦で常に使用し、F-35Aは緊急着陸に際してのみ使用します。このためフックにかかる力はかなり異なり、F-35Cのフックは頑丈につくられています。どちらのフックも、ステルス性を確保するため、カバーで覆って取り付けられています。

※ PMC：Polymer Matrix Composite

空母USSニミッツの艦上で発艦準備を受けるF-35C。前脚柱のカタパルト発進バーが下がってシャトルに固定されている

写真提供：アメリカ海軍

2016年5月5日、カリフォルニア州エドワーズ空軍基地で行われたAF-04による制動用フックの試験。着陸後に主脚のブレーキが使えなくなるなどと飛行中に判断されたときは、滑走路上で安全に停止するためにこの制動用フックが使われる。制動用のワイヤは滑走路端近くの滑走路上にあって、直径2.5〜3.2cm、使用時には滑走路舗装面から3.8〜7.6cm上に張られるというのが国際的な基準になっている

写真提供：アメリカ空軍

搭載センサー① AN/APG-81レーダー

ツインパックで性能を維持

F-35のレーダーはノースロップ・グラマンAN/APG-81多モード・レーダーです。アンテナを多数の電子素子で構成し、個々の素子が電子式に走査する**アクティブ電子走査アレイ・レーダー**（**AESAR**※1）です。

電子走査アレイ式のレーダーは、アンテナを機械的に動かさないため、広い範囲を高速で捜索したりできます。AN/APG-81は、個々の素子に独立した送受信モジュールがある**アクティブ方式**の電子走査レーダーなので、異なった機能を1つのレーダーで同時に使用できるなどの特徴があります。

この種のレーダーは、アンテナの素子数が能力を判定するポイントの1つですが、小型のF-35用なのでアンテナ面が小さくなり、素子数も少なくなります。実際に、F-22AのAPG-77は1,500～2,000個の素子があるのに対し、AN/APG-81では1,000個強になっています。

ただ、AN/APG-81では、2つの送信モジュールと2つの受信モジュールを1つにまとめた**ツインパック**と呼ばれる技術を取り入れ、この欠点を補いました。レーダーの空対空モードでは、最大探知能力が約170km、複数目標との同時交戦能力も有し、開発試験中にはレーダー視野内にいる23個の飛行目標を、10秒以内ですべて探知するという性能を示しています。

空対地モードには、レーダー情報を画像化して示す**合成開口レーダー**（**SAR**※2）**モード**があり、特定の関心地域を拡大して見ることで、目標をより容易に識別できる**ビッグSAR**と呼ばれるデジタル式のズームイン機能も備えています。

※1 AESAR：Active Electronic Scanned Array Radar（エーイーサー）
※2 SAR：Synthetic Aperture Radar（サー）

多数の電子素子で構成されているAN/APG-81レーダーのアンテナ。ツインパック技術により、少ない素子数でも十分な機能と能力を持たせることができている
写真提供：ダデロット/Wikimedia Commons

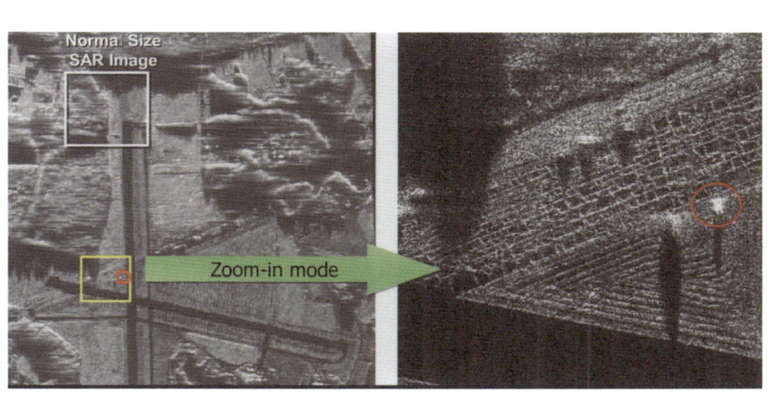

AN/APG-81のビッグSARによる表示例。上の四角が通常のSARによる画像範囲で、ビッグSARは電子ズームにより特定の範囲を大幅に拡大できる
写真提供：ノースロップ・グラマン

搭載センサー② AN/AAQ-40 EOTS

空対空でも空対地でも用いる

F-35に付いている複合電子光学センサーはロッキード・マーチンが開発した**AN/AAQ-40電子光学目標指示システム**（**EOTS**[※1]）です。機首下面にある、7枚の透明ガラスによるフェアリング内に収められています。

装置自体はジンバルと呼ぶ架台に付けられていて、上下左右に回転します。センサー用の開口部は下面にしかありませんが、これに高速で回転する鏡が組み合わされており、機体の上側を含めて、前方のあらゆる方向にセンサーを向けられます。

このEOTSは、赤外線センサーやレーザー・センサーといった電子光学装置を統合化した目標指示装置で、空対地の前方監視赤外線（FLIR[※2]）追跡装置と空対空の赤外線捜索追跡（IRST[※3]）モード、戦術用のアイ・セイフ・ダイオード式レーザーによるスポット追跡、レーザーによるパッシブおよびアクティブの距離測定、精密攻撃兵器用の高精度な座標生成などの機能を備え、**空対空と空対地を兼用したシステム**です。

デジタル・ズーム機能を含めた複数のセンサー視野を有し、地上目標に対する詳細情報の把握や、攻撃損害評価などに使うこともできます。最新の光学画像処理技術が導入されているので、地上の広域画像はもちろん高画質で得られますし、拡大率を大きくしても画質はほとんど低下しません。EOTSの具体的な能力などは未公表ですが、メーカーのロッキード・マーチンによれば、最大探知距離は「AN/APG-81レーダーとほぼ同等」とのことです。

システム全体で幅が49.3cm、長さが81.5cm、高さが69.9cm、重量も88kgと、小型・軽量であることも大きな特徴です。

※1 EOTS：Electro-Optical Targeting System（イーオッツ）
※2 FLIR：Forward-Looking InfraRed（フリアー）
※3 IRST：InfraRed Search and Track

F-35の機首下面にはガラス張りのフェアリングがあり、その中に複合電子光学センサーのEOTSが収められている

写真提供：アメリカ空軍（大写真）、ロッキード・マーチン（小写真）

EOTSが提供する表示画像の一例。画像は空対地モードの移動単一目標追跡機能によるもの。目標を指定すると、目標が移動しても中央の四角の中で捉え続けて、誘導兵器に目標照準データとして指示し続けることができる

写真提供：ロッキード・マーチン

3/11

搭載センサー③ AN/AAQ-37 電子光学開口分配システム

弾道ミサイルも発見できる

EOTSとともにF-35が装備している電子光学センサーは、ノースロップ・グラマンが開発した**AN/AAQ-37電子光学開口分配システム**(**EO DAS**※)です。システム専用のセンサーが機体各部の6カ所に埋め込まれていて、それぞれにガラスのセンサー窓(開口部)があります。

EO DASの主要な機能は、ミサイルの探知および追跡、ミサイル発射位置の探知、赤外線捜索追跡および目標指示、兵器支援などです。なかでも地対空ミサイルの発射位置の迅速な特定能力や、目標とされた航空機の予測機能は、事前に脅威を探知して作動させるべき対抗手段の速やかな選択や、脅威となる地対空ミサイル陣地に対するすばやい攻撃を可能にします。

EO DASの開発試験中には、約1,300km離れた場所を飛行中、スペースX社の2段式衛星打ち上げロケットである「ファルコン9」の発射を探知して、その高い能力の一端を示しました。

EO DASは、赤外線による監視・警戒機能に加えて、パイロットに昼夜間のセンサー映像も提供する**ビジュアル・モード**を有しています。これはあらゆる飛行状況下で高画質の画像情報をパイロットに提供するものです。画像情報はパイロットのバイザーに直接映し出されるので、現在のように重くかさばり、視野が制限される暗視ゴーグルを、夜間行動の場合でも使用する必要がありません。なお、ロッキード・マーチンは2023年以降の引き渡し機に、次世代DASを導入する計画を明らかにしています。次世代DASは、能力が2倍向上し、信頼性は5倍高まるとされています。製造企業は、レイセオンに変わります。

※ EO DAS : Electro Optical Distributed Aperture System(イーオーダス)

F-35Aのコクピット・キャノピー前に2個並べて配置されているEO DASの開口部。同様の開口部は機体全体で6カ所あり、それにより360度全周の監視能力を得ている。小写真はEO DASのセンサー
写真：青木謙知（大）、ノースロップ・グラマン（小）

地上から発射されたファルコン9宇宙ロケット（赤丸の中）。EO DASの開発作業中にEO DASが捉えた。これはEO DASが弾道ミサイルの発射を探知する能力を有することを示すものでもある。今後の発展によっては、F-35を弾道ミサイル防衛に組み込むことも可能にするものである
写真提供：ノースロップ・グラマン

3/12 搭載センサー④ 自己防御器材

EO DASとも連動して脅威に対抗できる

F-35は自己防御用の電子器材として、イギリスのBAEシステムズが開発した**AN/ASQ-239バラクーダ電子戦/対抗手段装置**を装備しています。攻撃と防御双方の機能を持つデジタル式の電子戦システムで、モジュラー方式によりシステムが構成されています。脅威電波を探知する**レーダー警戒受信機**（**RWR**※1）は対航空機用の捜索・攻撃レーダーの**無線周波**（**RF**※2）について、広い周波数帯（バンド）に対応しています。機体全周各部にセンサーを配置しているので、全方位における到来電波の探知・識別・モニター・分析ができ、脅威の種類を特定できます。

バラクーダには、赤外線対抗手段装置とRF対抗手段装置も含まれており、ほかのセンサーも含めて、デジタル電子システムで統合化されています。これにより、RWRが探知したRF脅威だけでなく、**EO DASが検出した電子光学脅威についても合わせて分析し、最適な対抗手段装置を自動的に作動させる**ことができます（パイロットが手動操作をすることも可能）。

メーカーのBAEシステムズではこのAN/ASQ-239バラクーダの利点を、次のように説明しています。

- レーダー警戒、目標指示、対抗手段を1つのシステムに完全に統合化している
- 長期間のライフ・サイクル・コストが低減できる
- 戦場での360度の状況認識が得られる
- 迅速な反応機能によりパイロットを防護できる
- 電磁信号密度の高い脅威環境下にあっても、機体を完全に電子的に防御できる

※1 RWR：Radar Warning Receiver
※2 RF：Radio Frequency

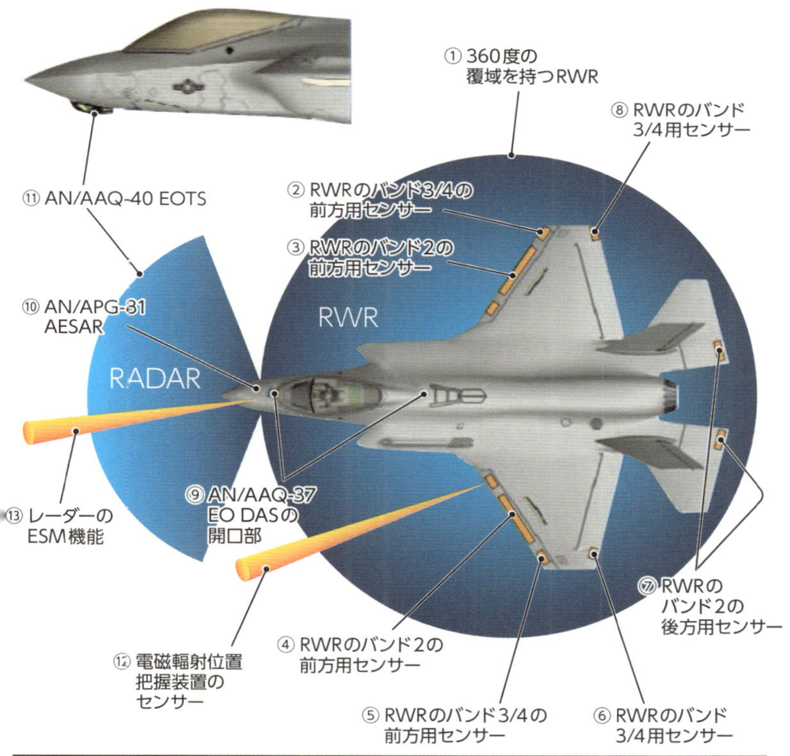

■ F-35の統合型電子戦装置のアンテナおよびセンサーの配置

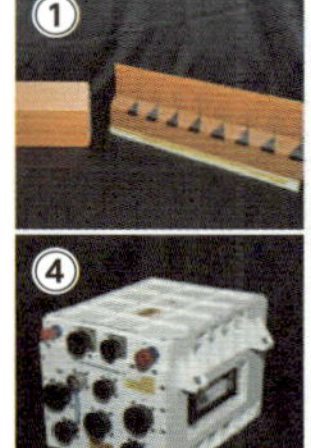
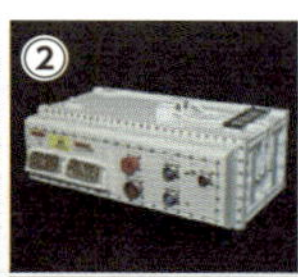
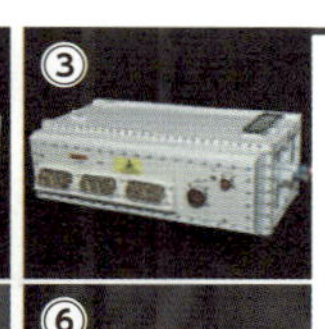

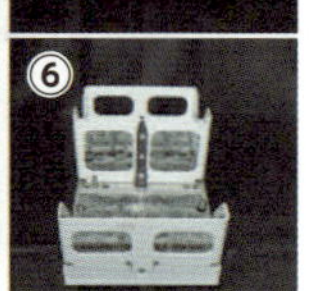

AN/ASQ-239バラクーダ電子戦／対抗手段装置の構成品。左から①開口空中線（アンテナ）、②第2A電子機器ラック、③第2B電子機器ラック、④対抗手段制御装置（CMC：Counter Measures Controller）、⑤無線周波対抗手段装置（RFCM：Radio Frequency Counter Measures）キャニスター、⑥赤外線対抗手段（IRCM：Infra-Red Counter Measures）散布装置

写真提供：BAEシステムズ

3/13

センサー融合

複雑な情報をパイロットが利用しやすいように一本化

F-35やF-22といった第5世代戦闘機では、高いステルス性などの特徴に目が向きがちですが、この世代の戦闘機が持つ重要な機能の1つが**センサー融合**と呼ばれるものです。これは、F-35が装備するレーダーや各種電子光学センサー、防御用センサー類が検知した各種情報を、**一本化した情報としてパイロットにもたらす技術**です。

従来、センサーからの情報はそれぞれ個別にもたらされて、独自の表示装置などでパイロットに知らされていました。パイロットは、それらから全体的な状況などを自分の頭の中で構築し、対応していました。

しかし、搭載電子機器が進歩し、さらにそれがデジタル式で結ばれるようになると、さまざまなセンサー情報をコンピューターが一元化して、1つの表示装置に映し出せるようになり、今の状況で必要な情報であるか否かも判定して、不要な情報をパイロットに伝えないようにすることもできます。

さらには、自分に対するいくつかの脅威が存在した場合、**対応すべき脅威の優先度**を知ることもできます。またこれらを、読み取りやすくわかりやすいフォーマットで表示するように工夫されています。

こうした、各種の搭載センサーの情報をまとめてパイロットに伝えるセンサー融合は、戦闘行動中のパイロットの状況認識力を高めるとともに作業負担を減らして、**より任務活動に集中することを可能**にします。なお、データリンク装置などによりもたらされるほかのF-35などからの情報を融合することもできます。

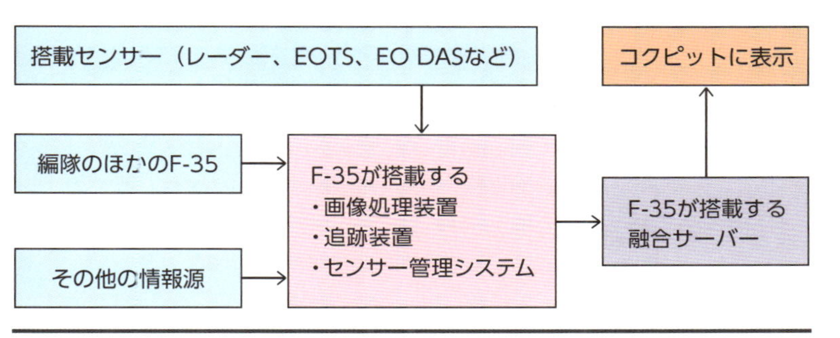

■ F-35のセンサーと電子戦システムの構成

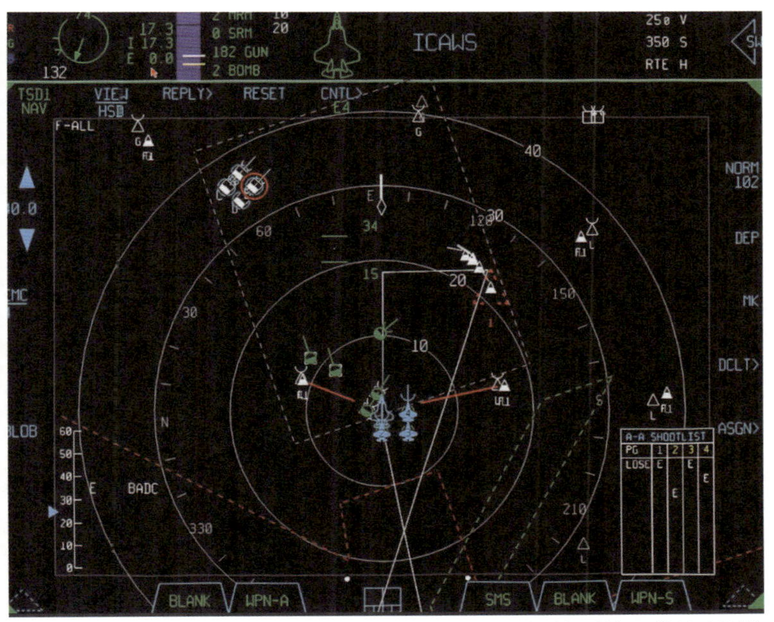

F-35はセンサー融合技術により、搭載している各種センサーだけでなく、編隊内や外部から得られた情報を一括して処理し、それをパイロットに示す。写真は戦術状況表示の一例

写真提供：ロッキード・マーチン

センサー開発飛行試験機

BAC 1-11、ボーイング737-330

F-35の主要センサーであるレーダーとEO DASはノースロップ・グラマンが、EOTSはロッキード・マーチンが開発しましたが、両社はこれらの装置の開発と上空での試験・評価用に**専用の開発機**を使用しています。

どちらも小型のジェット旅客機を改造したものですが、ノースロップ・グラマンはイギリスのBAC（現BAEシステムズ）が製造したBAC 1-11 401/AKの機首にAN/APG-81レーダーを搭載し、機首部にレドームを付けています。機首の上下にはEO DASのセンサーを収めていて、その開口部があります。この機体はメーカーによる開発作業だけでなく、アメリカ空軍による評価作業にも用いられています。

BAC 1-11は、1963年8月20日に初飛行した90〜100席級の双発ジェット旅客機で、244機がつくられましたが、飛行可能な状態で残っているのはこの機体だけです。

ロッキード・マーチンの開発機はボーイング737-330で、**CATバード**と名付けられています。機首は先端をとがらせたレドーム状になっており、この機体はAN/APG-81レーダーの開発にも使われています。もちろん、EOTSの開発にも用いられて、その際には実物と同じガラス張りの収納部が機首下面に付けられ、内部にEOTS本体を収めました。また、ロッキード・マーチンは、当然F-35のシステム全体の開発と統合に責任があるので、CATバードを使用してBAEシステムズのバラクーダ電子戦/対抗手段装置に関する各種作業も実施しています。CATバード自体は、ルフトハンザ ドイツ航空向けにつくられ、1986年に完成して引き渡され、ロッキード・マーチンは2002年3月に取得しました。

ロッキード・マーチンの搭載電子機器開発飛行試験機であるCATバード（ボーイング737-330）。ノースロップ・グラマンやBAEシステムズが開発した機器の飛行試験などにも用いられている。小写真は、CATバードに装着されたEOTS。作業時にのみ一時的に装着したので、大写真の機体には付いていない

写真提供：ロッキード・マーチン

ノースロップ・グラマンの搭載電子機器開発飛行試験機であるBAC1-111 401/AK。機首にレーダーを搭載し、その下にはEO DAS関連の装置を収めた大きなフェアリングがある。コクピット風防前にも、EO DAS用の開口部がある

写真提供：ノースロップ・グラマン

3/15

コクピット①

大画面液晶を搭載し、HUDは搭載されていない

F-35Bのコクピットの主計器盤は、アクティブ・マトリックス方式のカラー液晶による**幅50.8cm×高さ22.9cmの画面**が全体を占めています。中央で左右に分かれているので、幅25.4cmの画面2枚で構成されています。画面にはタッチ・センサーが付いており、それを使って画面サイズの異なるいくつかのウィンドウに切り分けたり、表示内容を選択したりできます。

画面サイズは決められていて、いちばん大きいものは幅25.4cm×高さ20.3cm（画面全体の半分）で、通常は戦術状況の表示に用いられます。その次に大きいのが、その画面を縦に半分に割った幅12.7cm×高さ20.3cmという寸法です。これも、戦術状況やセンサー情報、そのときどきで必要なシステム状況などを表示させるのに使用します。この画面を12.7cm四方にすると、その下には5.4cm×6.4cmの小画面を2つ表示させることができるようになります。これにはシステム情報や飛行諸元、兵装状況などを表示させることが可能です。

F-35のコクピットの大きな特徴が、ヘッド・アップ・ディスプレー（HUD※）の廃止です。このためダッシュボード上には何もありません。パイロットは、**常にバイザーへの投影表示機能を備えたヘルメットを着用**し、そこからHUDと同じ、あるいはそれ以上の情報を得られます。HUDは正面を見ているときにしか情報を得られませんが、F-35のシステムであれば、パイロットがどの方向を見ていても常に情報を入手できるのです。もちろんほかのヘルメット表示システムと同様に、**オフボアサイト目標との交戦での使用も可能**です。

※ HUD：Head Up Display（ハッド）

大画面の表示装置が計器盤全体を占めているF-35のコクピット。複数の小さな表示画面に変更することもできる。ほかの戦闘機にあるHUDを装備していないので、ダッシュボードの上に何もないのが大きな特徴である
写真提供：ロッキード・マーチン

コクピット②

操縦桿とスロットル

F-35はF-16やF-22と同様に、右サイド・コンソールに操縦桿を配置した**サイドスティック方式**を使用しています。反対側の左サイド・コンソールには、多くの戦闘機と同様に、エンジンの推力を調整するスロットル・レバーがあります。

F-16とF-22のサイドスティック操縦桿はほとんど動かず、パイロットが操縦桿にかけた力を入力信号に変換するフォース・コントロール方式でしたが、F-35ではジョイスティックのように、**あらゆる方向に4cm程度の範囲で動き、手を離すとスプリングにより中央のニュートラル位置に戻る**ようにされました。これは、外国のパイロットの意見を取り入れたことによる変更でした。スロットル・レバーは前後に22.9cmの範囲で動き、アフターバーナー・エリアへの出入りも含めて、途中にクリック・ポジションなどのない、完全なシームレス・タイプになっています。パイロットは、アフターバーナーのオン/オフを計器盤の画面表示で確認することになります。

操縦桿とスロットル・レバーのグリップ部には多数のスイッチが付いており、スロットル・グリップでは目標の選択やロックオン、使用する兵器の選択などが行えます。兵器類は操縦桿グリップの頂部ボタンで発射/投下します。兵器倉扉の作動と連動しているので、ボタンを押すと、まず兵器倉扉が開き、兵装が兵器倉を離れると自動的に閉まります。機関銃だけは、グリップ前方のトリガーで射撃します。

このように、操縦桿とスロットル・レバーから手を離さずに各種の操作を行うものを**HOTAS※操作方式**といい、前世代の戦闘機から使われ続けています。

※ HOTAS：Hands On Throttle And Stick（ホタス）

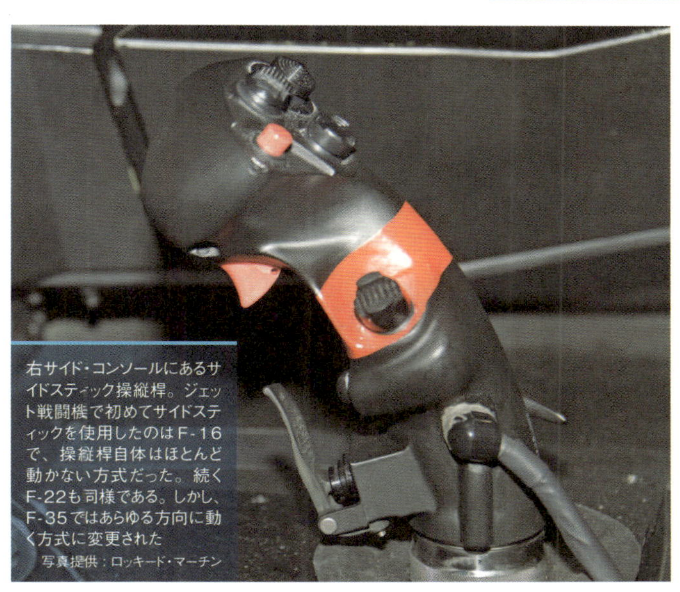

右サイド・コンソールにあるサイドスティック操縦桿。ジェット戦闘機で初めてサイドスティックを使用したのはF-16で、操縦桿自体はほとんど動かない方式だった。続くF-22も同様である。しかし、F-35ではあらゆる方向に動く方式に変更された
写真提供：ロッキード・マーチン

左サイド・コンソールにあるスロットル・レバー。グリップに付いているボタン類の操作で、兵装の選択、目標の切り替え、ロックオンや解除などの操作ができる
写真提供：ロッキード・マーチン

3/17 Gen Ⅲヘルメット

最新の機能を統合した新世代のヘルメット

3-15で記したように、F-35のパイロットは常に、バイザーへの投影表示機能を備えた専用のヘルメットを着用しています。このヘルメットは**Gen Ⅲ**と呼ばれています。Genはジェネレーションのことで、第3世代の表示装置付きヘルメットであることを意味しています。このGen Ⅲヘルメット・システムの主な特徴は、次のとおりです。

① 両眼用の30度×40度の広視野。100%の左右オーバーラップ
② バーチャルHUD機能
③ EO DAS画像をとおしての航空機能力把握
④ 自動ボアサイティングによる高精度の目標追跡能力
⑤ アクティブ式画像ノイズ低減
⑥ デジタル夜間暗視装置
⑦ 飛行速度1,019km/hで脱出可能
⑧ 軽量で優れたバランス
⑨ 細かくフィットして快適な特注式ヘルメット・ライナー
⑩ 瞳間隔のマルチ・セッティング機能
⑪ ビデオ録画機能
⑫ 画像内の画像表示機能
⑬ 眼鏡やレーザー光防護眼鏡との互換性 の保持

このGen Ⅲヘルメットは、ミッション・ソフトウェアのブロック2Bおよび3i仕様機から、まだ機能は限定されていますが使用が可能になっていて、今後、**ソフトウェアがバージョンアップ**

されることで、より完全な機能を発揮できるようになります。ミッション・ソフトウェアについては、第4章で記します。

F-35用のヘルメットは、イスラエルのエルビトがアメリカに設立したグループ企業のビジョン・システム・インテグレーション（VSI）社が開発することになりました。同社は後に、EVSへと社名を変え、さらにロックウェルコリンズと共同でRCEVS社を設立したことで、今日ではRCEVS社が製造しています。

Gen Ⅲヘルメットを着用してF-35Aを操縦するアメリカ空軍のパイロット。Gen Ⅲのバイザー投影表示システムは、HUD表示や暗視機能などを完全に統合した新世代のものになっている　写真提供：アメリカ空軍

Gen Ⅲヘルメットの実物大模型。F-35用ヘルメットの開発の初期には、赤外線画像の表示がぶれるなどの問題がいくつか発生したが、最終仕様のGen Ⅲにいたるまでの間にすべて解決されている

写真：青木謙知

3/18

射出座席

ゼロ-ゼロ・タイプのスルー・キャノピー方式

F-35の射出座席は全タイプ同一で、マーチン・ベーカーがユーロファイター用に開発したMk16Eをベースに、アメリカのF-35向けにした**US16E**です。「US」は、アメリカ向けを意味しています。

US16Eは、高度0、速度0km/hの状態でも脱出できる、いわゆる**ゼロ - ゼロ・タイプ**です。対応可能なパイロットの裸体重は47〜111kgとされていて、体格面での制約はそれ以外にありません。それでもアメリカ空軍は、脱出の衝撃からパイロットの命を守るため、F-35Aのパイロットの体重に136ポンド（62kg）以下という規制を設けていました。しかしこれも、2017年5月に撤廃されました。

F-35では脱出方式に、座席がキャノピーを突き破って飛び出す、**スルー・キャノピー**と呼ばれる方式を採用しました。パイロットが脱出操作をすると、まずキャノピーに入っている小型破砕コードがキャノピーにひびを入れ、続いて射出座席が作動を開始してロケット・モーターに点火し、座席の上端部がキャノピーを割って、座席ごとパイロットを射出するというものです。

この穴は、座席が丸ごと通過できる大きさであり、そこを通って座席が放出されます。座席の姿勢が空中で安定すると、パイロットと座席が分離されます。その後、座席上部のコンテナに収められたパラシュートが展開し、座席はパラシュートにより減速しながら落下していきます。分離したパイロット側も、主傘が自動的に開いて、パラシュート降下に入ります。こうした脱出操作の開始からパラシュートの展開までに要する時間は、わずか**2秒**とされています。

US16E射出座席の射出試験。試験台からはキャノピーが外されているが、実機ではキャノピーを座席で突き破るスルー・キャノピー方式で脱出する

写真提供：マーチン・ベーカー

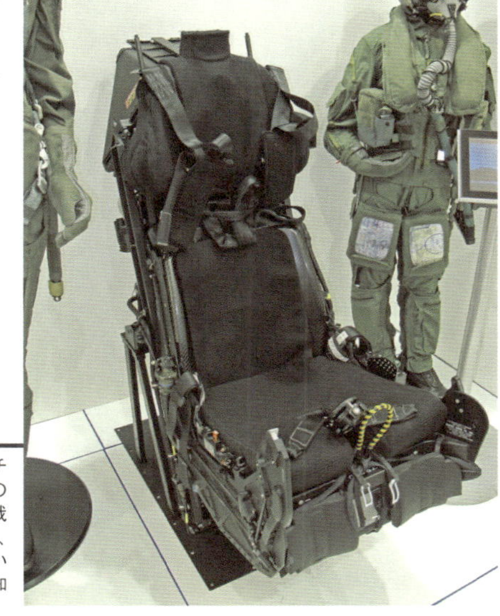

F-35の射出座席は全タイプ共通で、マーチン・ベーカーのUS16Eである。パイロットの耐G能力を高めるため、F-16など一部の戦闘機では背当てが大きく後ろに傾いていたが、F-35はF-22と同様にわずかに傾けられているだけである　写真：青木謙知

Column 3

F-35の価格

航空自衛隊向けは1機あたり130億円を超える

第5世代戦闘機のF-35は、機体価格が高額なことでも知られています。アメリカでは一括調達を導入するなどして機体価格の引き下げを図っていますが、それでも高額であることに変わりありません。2018年1月に国防総省が発表した各タイプの価格（1機あたり）は、次のとおりです（1ドル110円で計算）。防衛省の予算から算出した航空自衛隊のF-35Aの単価も併記しておきますが、アメリカ空軍よりも高額なのは、**国内でFACOを行っていることなどによる影響**です。

- F-35A：9,430万ドル（103億7,300万円）
- F-35B：1億2,240万ドル（134億6,400万円）
- F-35C：1億2,120万ドル（133億3,200万円）
- 航空自衛隊F-35A：130億8,333万円 （2018（平成30）年度予算）

アメリカではF-35の機体価格を調達方式の工夫で引き下げ続けているが、それでも空軍のF-35Aの価格は、同じ単発戦闘機F-16A（F-16の初期型）の1998年価格である17億円の約6倍である
写真提供：アメリカ空軍

Section

4 F-35の発展性

F-35は搭載コンピューターのソフトウェアの進化とともに発展します。これまでに開発されたソフトウェアと、今後のバージョンアップ計画などを見ていきます。

写真提供：アメリカ空軍

4/1 「ミッション・ソフトウェア」とは?

バージョンは「ブロック」と呼ばれる

今日の航空機は、各種のシステムがコンピューター化されていて、そこには当然ソフトウェアがあります。戦闘機でも、飛行操縦装置はもちろん、センサーや兵器システムなどがコンピューターで高度に統合されています。また、作戦遂行能力をもたらすソフトウェアもあり、**ミッション・ソフトウェア**と呼ばれています。このソフトウェアをバージョンアップしていくことで、F-35の能力もグレードアップしていきます。この開発はこれから先も続いていきます。ソフトウェア・バージョンは「**ブロック**」と呼ばれています。まずは、これまでに実用化されているものを記します。

ブロック0	SDD機の飛行開発作業向け。ごく初期のソフトウェア。
ブロック0.1	機体のシステム管理機能のみを有した飛行ソフトウェア。
ブロック0.5	BF-04に最初に導入されたもの。飛行訓練開発と各種試験の支援機能を有する。
ブロック1	JDAM誘導爆弾やAIM-120空対空ミサイルの試験を可能にしたもの。
ブロック2A	EO DASの運用機能を備え、ペイヴウェイ・レーザー誘導爆弾の使用を可能にしたもの。
ブロック2B	ブロック2Aの発展型。F-35Bに限定的な戦闘能力である初度作戦能力(IOC[※1])をもたらしたもの。
ブロック3i	ブロック2BのF-35A向け。
ブロック3F	F-35の全タイプに、当面の完全作戦能力(FOC[※2])をもたらすもの。2018年前半に完成の予定。

※1 IOC:Initial Operational Capability
※2 FOC:Full Operational Capability

初期の飛行試験で編隊を組んだ、F-35AのSDD機であるAF-01とAF-02。編隊飛行はブロック0.1で可能になった。
写真提供：ロッキード・マーチン

アメリカ海兵隊の訓練部隊であるVMFAT-501“ウォーローズ”所属のF-35B。引き渡し直後のBF-07で、この時点でのソフトウェアはブロック2Aだったと考えられる
写真提供：アメリカ海兵隊

4/2 これまでの発展

ブロック2Bから兵器を運用できるようになった

4-1で、これまでに開発されたF-35のミッション・ソフトウェアと、当面の完成形がブロック3Fであることを記しましたが、もう少しくわしく説明します。

ブロック0は初期製造のSDD機が装備したもので、基本的には飛行する能力に限定したものでした。ただ、SDDは作業開始直後から飛行領域を拡張し、段階的に飛行速度や高度を高めていき、それに対応してソフトウェアに必要な変更や修正が加えられています。そうしたバージョン・アップ版がブロック0.1、ブロック0.5で、より高いレベルでの飛行能力の開発を可能にしています。

続く**ブロック1**はブロック1Aとブロック1Bがつくられています。ブロック1Aは航法/通信/センサーの一部の機能の使用を可能にし、飛行訓練の開始に向けてつくられました。飛行領域は最高速度が833km/h、最高高度が12,192m、迎え角制限が18度です。ブロック1Bは、基本的な操縦訓練を可能にしたもので、飛行領域は最大速度が1,019km/hになった以外はブロック1Aと同じです。**ブロック2**は、段階的に作戦能力をもたらすもので、最初の**ブロック2A**は、飛行領域こそブロック1Bと変わりませんが、各種ミッション・システムの基本的な機能が使えるようになり、限定的ですが、データリンク装置も使えるようになりました。

ここまで、兵器の運用能力は一切ありませんでしたが、**ブロック2B**および**3i**ではAMRAAM、JDAM、ペイヴウェイの使用が可能となり、空対空戦闘や阻止攻撃力を有しています。飛行領域も、迎え角制限が50度になりました。ブロック3FではAIM-9Xをはじめとする運用兵器が追加されます。

GBU-49 227kエンハンスド・ペイヴウェイⅡを投下するF-35統合試験軍所属のF-35C CF-08（①）。ブロック2Aソフトウェアが導入されていて、EOTSによる目標指示でエンハンスド・ペイヴウェイⅡを投下したもの。目標は走行移動する車両だったが（②）、目標への照準は外れずに命中した（③）

写真提供：アメリカ空軍（3点とも）

NAVY

F-35C CF-02が、背面飛行状態でAIM-9Xを発射している。ソフトウェアは「ブロック2B」で、AIM-9Xの完全な機能はサポートしていないが、さまざまな飛行姿勢から発射できることを実証する試験作業の模様である。開発作業はF-35Cが最後となっているが、完全作戦能力のミッション・ソフトウェアは、ほかのタイプと同じブロック3Fになる予定である

写真提供：アメリカ海軍

4/3 今後の発展計画

核爆弾の運用能力なども計画されている

F-35はまだ、基本的な開発作業が終わった段階の戦闘機であり、これから完全な作戦能力を身につけて、本格的な**多任務戦闘機**（MRF※）となっていきます。このため、ミッション・ソフトウェアもさらにバージョンアップが続けられ、それにつれて運用できる兵器の種類も増えていきます。F-35がMRFとしてどのような兵器を搭載するかは、第5章でまとめますが、それらの運用を可能にするよう計画されている**ブロック3F以降のミッション・ソフトウェア**について、計画が判明していることを記しておきます。

ブロック4	多機能先進データリンクの使用機能の追加。AGM-154の新型であるブロックⅢの運用能力。発射後のロックオン機能を持つAIM-9XブロックⅡの運用能力。ノルウェーで開発されているJSM空対艦ミサイルの兵器システムへの統合化。
ブロック4B	B61-12核爆弾の運用能力。ブロック4は～2021年の実用化、ブロック4Bは2022年の作戦能力獲得が目標。
ブロック5	AN/APG-81レーダーに「海洋モード」を追加して逆合成開口レーダー機能を持たせる。電子戦機能のアップグレード。AIM-120の搭載数を6発にするとともにAIM-120Dの運用を可能にする。配備開始目標は2021年。
ブロック6	推進システムの改善による航続距離の延伸、電子戦闘能力の付与など。
ブロック7	詳細は不明だが、生物/化学戦への対応能力が挙げられているといわれる。

※ MRF：Multi Role Fighter

F-35は、軍の垣根を越えた統合運用を可能にすることを目指していて、その試験も行われている。F-35C CF-08は冬期にアラスカ州のエイルソン空軍基地に展開し、空軍の戦術航空統制部と連携して模擬近接航空支援飛行などを行った。小写真は戦術航空統制部の第3航空支援運用中隊　写真提供：アメリカ空軍

F-35はこれからもさまざまな発展を遂げて、アメリカ軍の各種の最新鋭兵器とともに活動していくことになる。CF-02の下に写っているのは、アメリカ海軍の最新ミサイル駆逐艦USSズムウォルト。このズムウォルト級は3隻が建造されることになっている　写真提供：ノースロップ・グラマン

Column 4

初代ライトニング「P-38」

第二次世界大戦の名機だった

F-35の制式愛称の最後に「Ⅱ」が付いていることからもわかりますが、F-35は**2代目のライトニング**です。初代は、第二次世界大戦時にロッキードが開発した双胴・双発のピストン・エンジン戦闘機**P-38**です。後期型ではその卓越した飛行性能と強力な火力から、「双胴の悪魔」などと日本軍に呼ばれるようになりました。少数ですがイギリス空軍でも採用され、総製造機数は10,037機とされています。現在も飛行可能な状態にあるのは、写真のものも含めて4機と見られます。

初代ライトニングのP-38Jと編隊飛行するアメリカ空軍第58戦闘航空団第61戦闘飛行隊所属のF-35A AF-41
写真提供：アメリカ空軍

Section **5**

F-35の搭載兵器

F-35は機関砲から核爆弾まで、さまざまな兵器の運用能力を持つ予定です。それらの兵器について、1つずつ見ていくことにします。

写真提供：アメリカ海軍

5/1

搭載ステーション

隠密行動時は胴体内兵器倉を使用

F-35は、兵器をはじめとする各種の任務装備品を搭載できる**ステーション**（**Sta.**※）を有しています。そして、各種の任務装備品を搭載しても高いステルス性を損なわないようにするため、**胴体内兵器倉**も有しています。

作戦行動で高いステルス性が求められる場合は、原則として兵器を胴体内兵器倉のみに搭載し、ステルス性が重視されないミッションでは、**機外ステーション**も併用します。

機外の搭載ステーションは、片側主翼下3カ所と胴体中心線下1カ所の計7カ所で、現時点では左右の兵器倉にも2カ所ずつのステーションがあるので、搭載位置は11カ所になります。次ページの図で示すように、それらには左から番号が付けられていて、下記のように搭載できる重量の制限が定められています。

Sta.1/11（主翼下外側）	300ポンド（136kg）
Sta.2/10（主翼下中央）	2,500ポンド（1,134kg）
Sta.3/9（主翼下内側）	5,000ポンド（2,268kg）
Sta.4/8（兵器倉外側）	2,500ポンド（1,134kg）
Sta.5/7（兵器倉内側）	350ポンド（159kg）
Sta.6（胴体中心線下）	1,000ポンド（454kg）

なおSTOVL型のF-35Bでは、Sta.2/10とSta.4/8の最大重量は1,500ポンド（680kg）に制限されています。搭載可能重量の小さいSta.1/11とSta.5/7は空対空ミサイル専用で、そのほかは空対空、空対地双方の兵器を装着できます。Sta.3/9には燃料配管があり、**投棄可能型追加燃料タンク**（**増槽**）**も装着可能**です。

※ Sta.：Station

Sta.1/11にAIM-9X、Sta.2/3/9/10にGBU-12 227kgペイヴウェイⅡを各1発装着し、Sta.6に機関砲ポッドを取り付けて編隊飛行するCF-01（奥）とCF-02
写真提供：アメリカ海軍

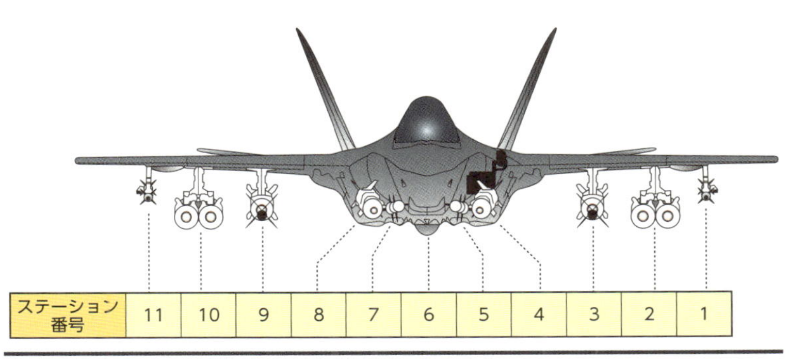

■ ステーション番号

5/2 胴体内兵器倉

搭載ステーションが増やされる可能性が高い

F-35の中央胴体内には、Sta.6を挟んで「ハ」の字形に兵器倉が設けられており、左右に分かれて開く2枚の扉がそれぞれに付けられています。「ハ」の字形になっているのは、扉を開いたときにSta.6への搭載品と干渉しないようにするためと、胴体内を走る空気取り入れダクトの配置の関係によるものです。

5-1で記したように、今の段階では兵器倉内の搭載ステーションは1つあたり2カ所で、兵器倉外側（Sta.4/8）と兵器倉内側（Sta.5/7）に設けられています。Sta.4/8には大型の爆弾類まで装着できますが、今のところSta.5/7はAIM-120 AMRAAM空対空ミサイルの専用ステーションになっています。

ロッキード・マーチンやアメリカ軍は、この兵器倉の容積を有効活用するとともに、より多くの作戦のため、**搭載ステーションを増やして、より多彩な兵器を収容できるようにする研究**を進めています。その一例として、兵器倉外側のステーションを2カ所にするとともに、内側扉付け根部には2連ラックの装着を可能にして、さらに外側扉内側にもステーションを設けるというものがあります。これにより、兵器倉には1つあたり、空対空戦闘仕様ならばAIM-120 AMRAAMを4発、空対地攻撃仕様ならばGBU-39/B SDB小直径滑空誘導爆弾8発に加えてAIM-120Cを1発収容できます。多用途仕様ならば、空対空ミサイルとしてAIM-120とAIM-9X各2発とGBU-32 454kg JDAM誘導爆弾2発を収容できるようになるとされています。

なお、兵器倉の扉は、内部に搭載している兵器を選択して発射/投下ボタンを押せば自動的に開き、兵器が兵器倉内からなくなれば自動的に閉じます。

兵器倉扉を開いて飛行するAF-01。兵器倉外側のSta.4/8にGBU-31 907kg JDAM、兵器倉内側のSta.5/7にAIM-120 AMRAAMを装着している　写真提供：ロッキード・マーチン

5/3 AIM-9Xサイドワインダー

オフボアサイト目標と交戦可能

アメリカのレイセオンが開発したAIM-9サイドワインダーは、西側を代表する視程内射程（WVR※1）空対空ミサイルで、20万発以上を製造しています。F-35は、その最新型である**AIM-9X**だけを搭載します。

AIM-9Xは、赤外線シーカーを、**スターリング・フォーカル・プレーン・アレイ技術を使って長時間の目標継続捕捉を可能にする画像赤外線方式にした**ことで、命中率が上がり、妨害に対する抵抗力も高まっています。外形は、先端近くにある制御翼面が小さくなったのが特徴で、これにより抵抗を最小化しています。その結果、最大射程は、前タイプであるAIM-9L/Mの約18kmから約37kmに延びたとされています。

それ以上に大きなAIM-9Xの能力向上は、赤外線シーカーがその視野外の**オフボアサイト**と呼ばれる位置にいる目標を捉える感度を備えていることです。これに加えて、ミサイル本体最後部のロケット・モーターの排気口に付けた**ベーン**により、排気方向を制御・変更する機能を備えたことで、ロール軸を含めた完全な3軸での高運動性飛翔制御を実現し、オフボアサイト目標との交戦を可能にしています。

さらに、AIM-9Xでは**発展型のブロックⅡ**も開発されていて、**発射機からミサイルに送信する一方向のデータリンク機能**と、**発射後のロックオン（LOAL※2）能力**を備えています。これにより飛翔中に発射機から誘導できるようになりました。F-22では兵器倉からの発射が可能になるとともに、さらなる命中精度の向上を実現します。なお、F-35が兵器倉にAIM-9Xを搭載することは、将来のオプションであり、現段階では搭載できません。

※1 WVR：Within Visual Range
※2 LOAL：Lock-On After Launch（ローラル）

F/A-18Fスーパー・ホーネットの主翼端ステーションに、レール式発射装置を介して搭載されたAIM-9X。サイドワインダーはどのタイプでも、レール式発射装置からのみ発射される　写真提供：アメリカ海軍

2016年9月30日に、アフターバーナー飛行しながらAIM-9Xの発射を試験するAF-01。この試験は標的に対する発射試験で成功しているが、ごく基本的な発射試験であった　写真提供：アメリカ空軍

ASRAAM

サイドワインダーと完全な互換性を持つ

ASRAAM※は、1980年にフランス、ドイツ、イギリス、アメリカの4カ国が、新世代のWVR空対空ミサイルの共同開発に合意して作業が開始されたものです。ASRAAMは、発達型短射程空対空ミサイルの頭文字による略号です。アメリカでは実用装備に向けて、AIM-132の制式名称を付与しました。

しかしアメリカは、サイドワインダーの改良型であるAIM-9X（5-3参照）を採用することを決めてプログラムから脱退し、フランスとドイツも独自のミサイル計画へと進んだため、ASRAAMを装備するのはイギリスだけになりました。もちろん、AIM-132の名称も廃止されています。

ASRAAMは、イギリスに本社を置くMBDAが製造しています。ASRAAMは、弾体前方部には翼面を持たずに、本体だけで揚力を発生させる**リフティング・ボディ**と呼ばれる形式のミサイルです。弾体の最後部にある、小さな切り落としデルタの**全遊動式操舵翼**により、ミサイルの飛翔を制御します。

AIM-9Xや新世代のWVR空対空ミサイルが装備している推力偏向式排気口は備えませんが、リフティング・ボディと操舵翼だけで極めて高い機動性を発揮し、LOAL機能により**オフボアサイト目標との交戦能力**も備えています。シーカーは画像赤外線シーカーで、デジタル式のデータ処理システムと組み合わせることで、目標の特定の位置に照準を合わせることを可能にし、極めて高い命中率を得るとともに、赤外線対抗手段に対しては、高い抵抗力を備えるとされています。

ミサイルは 、最大でマッハ3.5での飛翔が可能とされ、公表最大射程は約20kmです。

※ ASRAAM：Advanced Short Range Air to Air Missile（アスラーム）

ユーロファイターの主翼下ステーションに装着されたASRAAM。サイドワインダーと同様に、レール式発射装置からのみの発射となっている
写真提供：MBDA

右主翼外側のSta.11からASRAAMを発射するBF-03。ASRAAMはイギリスだけが装備する兵器だが、その開発にはアメリカが全面的に協力し、F-35BのSDD機を用いて各種の作業をしている
写真提供：ロッキード・マーチン

AIM-120 AMRAAM

完全な「撃ちっ放し」能力を持つ

視程外射程（BVR※1）空対空ミサイルで、今日の西側の標準装備品となっているのが、レイセオンが開発した**AIM-120**です。名称のAMRAAM※2は、発達型中射程空対空ミサイルの頭文字による略号で、開発計画名称が、そのまま愛称になりました。

AMRAAMは、完全なアクティブ・レーダー誘導式（先端にレーダー・シーカーを備え、そのレーダーで目標を捕捉し追跡する）のミサイルになったことで、発射後、自律して目標に向けて誘導されます。これにより、発射機はほかの目標に向かったり、戦闘を離脱したりできます。ミサイルのこうした能力を、**撃ちっ放し能力**といいます。

AMRAAMのもう1つの特徴は、射出式発射装置とサイドワインダー用のレール式発射装置の双方から発射できることです。機種によっては、より効果的な搭載兵器との組み合わせを選べます。AMRAAMの飛翔速度はマッハ4とされ、100km程度の最大射程を有しています。

現在のAIM-120の最新型が**AIM-120C**で、誘導装置ユニットが最新型のものに変更され、弾頭の威力が増強されています。AIM-120Cの改良型で、F-22の兵器倉への収容のため、弾体中央にある小翼の先端を切り落としたのが**AIM-120C-7**です。F-35も、現時点ではこのタイプの搭載を標準にしています。AIM-120C-7では、改良型のシーカー・アッセンブリーの装備、誘導装置電子機器の改良、新しい慣性基準ユニットの装備、目標探知機能の強化、新データリンクの装備といった改良も加えられています。

現在は、射程を50％程度延伸して180km以上とする**AIM-120D**の開発が進められています。

※1 BVR：Beyond Visual Range
※2 AMRAAM：Advanced Medium Range Air to Air Missile（アムラーム）

今日、西側を代表するBVR空対空ミサイルとなったAIM-120。写真のタイプは、弾体中央にあるデルタ翼のフィン先端がわずかに切り落とされたAIM-120C-7。F-22の兵器倉に収まるようにするための措置だが、F-35もこのタイプを標準装備としている　写真提供：レイセオン

兵器倉内側のSta.5からAMRAAMを発射した、F-35統合試験軍でアメリカ空軍第412試験航空団第416飛行試験飛行隊に所属するAF-06　写真提供：アメリカ空軍

5/6 ペイヴウェイ、エンハンスド・ペイヴウェイ

レーザー誘導、GAINS誘導が可能

アメリカ軍の中心的なレーザー誘導爆弾が、テキサス・インスツルメンツが開発した**ペイヴウェイ・ファミリー**です。通常爆弾の先端にレーザー・シーカーと操舵翼を取り付け、尾部に落下制御用の展張式フィンを付けたものです。今日では、弾体に227kgのMk82、454kgのMk83、907kgのMk84を使用した**ペイヴウェイII**と**ペイヴウェイIII**があります。ペイヴウェイIIはレーザー・シーカーが、首振り式の「ウェザー・ベーン」と呼ばれるリングに取り付けられていて、ペイヴウェイIIIではシーカーの視野角を広げるなどの改良を加えたことで、先端が棒状の固定式になっています。

どちらのタイプも、全地球測位システム（GPS※1）援用の慣性航法装置（INS※2）による誘導システム**GAINS**※3を備えた機能強化型である**エンハンスド・ペイヴウェイ**が開発されています。このタイプは、事前にGPSとINSに目標の座標を入力しておけば、レーザー光の反射をきちんと受信できなくなったり、目標へのレーザー照射が途切れてしまっても、GAINSにより目標に向かわせることができるので、一定の精度で目標に命中させられます。2発を同時に投下して、一方をレーザー誘導、もう一方をGAINS誘導として、異なった目標を攻撃することも可能です。GAINSは尾部の展張式安定翼ユニットに付けられているので、形状や寸法などに変化はありません。

F-35は、最終的に全ペイヴウェイ・ファミリーを運用できる予定ですが、2018年春の時点ではまだMk82を弾体にしたGBU-12ペイヴウェイIIとGBU-49エンハンスド・ペイヴウェイIIしか試験されていません。

※1 GPS：Global Positioning System
※2 INS：Inertial Navigation System
※3 GAINS：Global positioning system Aided Inertial Navigation System（ゲインズ）

胴体内兵器倉からGBU-12 227kgペイヴウェイⅡを投下するアメリカ空軍第56戦闘航空団所属のF-35A。第56戦闘航空団はアメリカ空軍のパイロット養成を主任務にする訓練部隊で、もちろん兵器を用いた訓練もしている

写真提供：アメリカ空軍

左主翼中央下にGBU-12を搭載して空母USSジョージ・ワシントンから発艦する、アメリカ海軍VX-23"ソルティ・ドッグス"所属のCF-03。右主翼にはパイロン以外に装着品のない、非対称形態での試験時の撮影である

写真提供：アメリカ海軍

5/7

ペイヴウェイⅣ

イギリスだけが装備する精密レーザー誘導爆弾

ペイヴウェイⅣは、ペイヴウェイ誘導爆弾の第4世代型と呼ばれている精密レーザー誘導爆弾です。イギリス空軍の精密誘導爆弾の要求にもとづいて開発されました。GAINSを用いたエンハンスド・ペイヴウェイ（**5-6**参照）を発展させ、これまでの誘導方式の主体であったセミアクティブ・レーザー誘導システムを補助的なものとし、**GAINSを中核誘導システム**として使っています。

弾体には500lb（227kg）爆弾だけが使われていて、弾体前方の誘導セクションは大型化されており、先をとがらせた円筒形の収容部が長く延ばされています。そこに4枚の弦長の長い大型の切り落としデルタ操舵翼があり、最先端のレーザー・シーカー部はペイヴウェイⅡと同様のウェザー・ベーン方式になっています。

信管には、**複イベント堅固化目標信管**と呼ばれる、新規開発の信管が使用されています。また弾体背部には、**ハードバック**と呼ばれる成形部が付けられて抵抗を削減しています。この成形部のふくらみを大きくして中に展張式の主翼を取り付け、投下後にそれを展張させることで滑空飛翔を可能にする射程延長型の**ロングショット**の開発も計画されています。

このペイヴウェイⅣはイギリスだけが装備し、イギリス空軍はユーロファイター・タイフーンとF-35Bへの搭載を決めています。ペイヴウェイのようなレーザー誘導爆弾では、目標にレーザー光を照射する目標指示ポッドなどの装置を携行しなければなりませんが、F-35では機首下面のAN/AAQ-40 EOTS（**3-10**参照）にその機能が含まれているので、**ポッド類を追加で機外搭載してステルス性を低下させる事態を回避**できています。

今日では退役しているイギリス空軍のハリアーGR.Mk9の主翼に搭載されたペイヴウェイⅣ。ウェザー・ベーンに付けられたシーカー後方の弾体前方部が大きく、操舵翼が少し小さくなったのが特徴である
写真提供：イギリス国防省

ペイヴウェイⅣの投下試験を行うBF-03。ペイヴウェイⅣは、ASRAAM（**5-4**参照）と同じくイギリス軍のみが装備する兵器だが、各種の試験はASRAAMと同様に、F-35BのSDD機により主にアメリカで実施されている
写真提供：アメリカ海軍

5/8

SDB/SDB Ⅱ

滑空して75km先の目標を爆撃できる

JDAMと同様にGPSとINSを誘導装置に使用し、弾体を小さなものにしたのが**GBU-39/B小直径爆弾**（**SDB**※）です。これもボーイングが開発・製造しています。弾体には新たに開発した113kg弾を使用し、その直径はわずかに19cmと極めて細く、これがSDBと名付けられたゆえんです。爆発物としては19kgのトリトナルの高爆発力型を収めていて、これにより900kg級の爆弾を必要とした目標を破壊する能力を備えています。

SDBの大きな特徴は、展張式の**滑空用翼**を備えていることです。この翼は、爆弾搭載時には、弾体上部に完全に収納されていますが、投下されると翼が開き、翼幅は1.38mにもなります。この翼は、飛行機の主翼と同様に揚力を発生させるよう設計されていて、これによりSDBはグライダーのように滑空して目標に向かえます。高々度から投下した場合、最大で約75km先の目標に向かわせることができるとされていて、さらには投下した半数が目標の正確な地点から半径3mの範囲に着弾できる高い命中精度を持つとされています。

レイセオンが、GBU-39/Bの新世代型として開発したのが**GBU-53/B SDB Ⅱ**です。ミリ波レーダー/画像赤外線/レーザーの3種類を組み合わせた**トライモード・シーカー**を使用するなどしています。爆風弾頭、破砕弾頭、成形炸薬弾頭を組み合わせた弾頭を用いていて、堅固な装甲目標を破壊できる威力を備えています。双方向のデータリンク装置も備えるので、滑空飛翔中に目標情報をアップデートしたり、飛翔経路を変更したりすることもできます。

※ SDB：Small Diameter Bomb

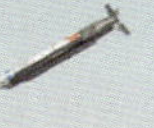

GBU-39/B SDBを投下するアメリカ空軍第412試験航空団所属のAF-06。SDB/SDB Ⅱは4発を装填するスマート・ラックに装着され、そのまま2つの兵器倉に搭載されるので、1機あたり最大で8発を搭載できる

写真提供：アメリカ空軍

菱形の翼を展張した状態のGBU-39/B SDB　写真：青木謙知

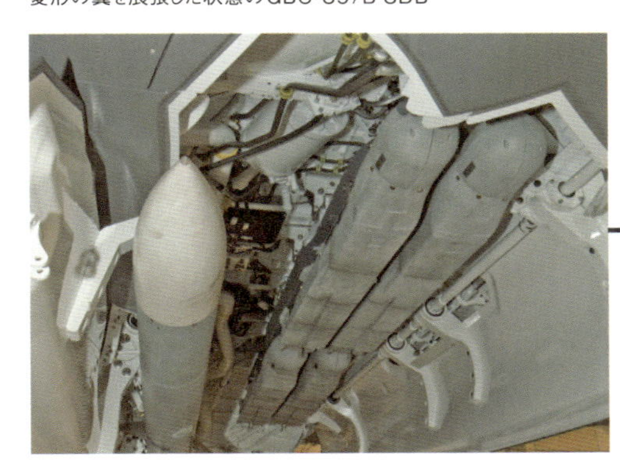

F-22Aの兵器倉に収められたGBU-53/B SDB Ⅱの模型。F-35Bへの搭載では配線などに問題があることが判明し、F-35Bでの実用化だけは2022年以降になる予定である

写真提供：レイセオン

5/9 JDAM/L JDAM

ペイヴウェイよりも安い精密誘導爆弾

ボーイングが、ペイヴウェイⅡ/Ⅲよりも安価で簡素な精密誘導爆弾として開発・製造しているのが**統合直接攻撃弾薬**（**JDAM**※1）です。誘導システムはGPSがメインですが、INSも組み合わせています。ただし、GAINSのように併用するのではなく、INSはGPSが故障したり、衛星からの電波を受信できなくなったりしたときのバックアップです。Mk80シリーズ、あるいはその発展型を活用して誘導兵器にするという点はペイヴウェイⅡ/Ⅲと同様で、4タイプが3種類の重量でつくられています。

誘導装置と操舵翼を組み合わせた誘導セクションを弾体後部に装着し、加えて**ストレーキ**を取り付けます。Mk82だけはこれが弾体先端に付けられ、それ以外のタイプは弾体中央部に取り付けられています。JDAMを搭載した機体が、兵器システムで投下前に電源を入れると、JDAMは初期化を開始し、投下母機のGPSやINSとの整合を行い、基準となる座標を特定します。投下前にはJDAMの誘導ユニットに、投下母機の位置、速度、目標の位置などの情報がインターフェイスを介して送られます。JDAMが投下されるとGPSを介して飛翔制御コンピューターへ継続的に情報がアップデートされ、操舵翼を動かして目標に向かいます。

JDAMにレーザー誘導装置を追加装備したのが**レーザーJDAM**（**L JDAM**※2）で、JDAMの全タイプで開発されています。L JDAMは、投下機や別の航空機、あるいは地上などから目標にレーザーが照射され、シーカーがそれを受信すると、その反射源をGPS誘導コンピューターが再計算し、新しい目標座標を定めて、それを目標にします。

※1 JDAM：Joint Direct Attack Munition（ジェイダム）
※2 L JDAM：LASER Joint Direct Attack Munition（エルジェイダム）

GBU-31 907kg JDAMを投下するCF-08。アメリカ海軍の試験部隊であるVX-9“バンパイアーズ”の所属機だが、分遣隊がつくられてエドワーズ空軍基地のF-35統合試験軍に加わり作業したことから、第412試験航空団の「ED」のテイルコードが垂直尾翼に入っている　写真提供：アメリカ空軍

左右の主翼下内側にGBU-31 907kg JDAM、中央にGBU-32 454kg JDAM、外側にAIM-9Xと、機外搭載満載形態で離陸するBF-02　写真提供：ロッキード・マーチン

5/10

AGM-154 JSOW

時間差で爆発するタンデム弾頭を搭載

アメリカ海軍とアメリカ空軍の共同プロジェクトとして、1992年に開発が開始された長射程（スタンドオフ）兵器が**AGM-154統合スタンドオフ兵器**（JSOW※）です。制式名称には空対地ミサイルを示す「AGM」が使われていますが、実際には推進装置を持たない滑空式の誘導爆弾です。ただ、その射程が120kmと極めて長いことから、ミサイルと同じ記号が用いられました。

JSOWは、弾体の中央部上面に展張式の主翼があり、投下後に展張して滑空飛翔に入ります。その後は、弾体後部にある6枚の飛翔制御用フィンを使いながら、GPSとINSを組み合わせた誘導システムで、事前に設定された経由点を通り、目標に向かいます。必要に応じて、投下直前に目標情報などを変更することもできます。

AGM-154はまず、子弾散布（ディスペンサー）兵器型のAGM-154Aが開発され実用化されました。アメリカは、クラスター爆弾などのディスペンサーの兵器禁止条約（オスロ条約）を批准していませんが、AGM-154Aは使用しないこととしたため、製造は終了しました。

現在製造されているのは、2種類の異なった弾頭を前後に並べて**タンデム弾頭**とした**AGM-154C**です。タンデム弾頭は、まず成形炸薬による貫通弾頭が、装甲やコンクリートを破壊して突き抜け、その後、より大型の弾頭が起爆するというものです。AGM-154Cは、終末誘導用に画像赤外線シーカーを装備するとともに、データリンクを介して飛翔中に目標に関する情報をアップデートできます。

※ JSOW： Joint Stand-Off Weapon（ジェイソウ）

地上での落下確認試験のため、メリーランド州のパタクセントリバー海軍航空基地でCF-01の兵器倉に搭載されたAGM-154の模擬弾
写真提供：アメリカ海軍

AGM-154の模擬弾を空中投下試験する、アメリカ海軍VX-23“ソルティドッグス”所属のCF-05
写真提供：アメリカ海軍

AGM-158 JASSM

JASSM-ERは900kmを超える射程を持つ

アメリカ空軍の作戦機用の新しい空対地兵器として、F-35以外にも導入が進められているのが、ロッキード・マーチン**AGM-158統合空対地スタンドオフ・ミサイル**（**JASSM**※）です。

JASSMは、1999年に開発が開始された長射程空対地ミサイルです。当初はアメリカ空軍と海軍がともに装備することとしたため、「Joint（統合）」の名称が付けられました。その後、アメリカ海軍が装備計画を取りやめたため、現在では空軍のみの装備となっています。しかし、名称には「J」が残されています。

JASSMは、三角形の断面を持つ本体に、展張式の主翼を備え、尾部にも展張式の垂直尾翼があります。エンジンはターボジェット1基で、これらにより**370kmを超す最大射程**が得られています。

AGM-158のメインの誘導装置はGPSで、バックアップにINSを備えています。これらの座標データにより中間飛翔し、終末誘導段階では赤外線画像シーカーを使用します。中間飛翔は、事前に経由点をプログラムすることで、直進以外の経路もとれ、データリンクを使って、飛翔中に経路の変更もできます。弾頭は、重量454kgの貫通弾頭です。

最初に生産されたのがAGM-158Aで、現在は全天候運用能力を高めるとともに、目標に応じて最適な終末誘導を可能にするため、赤外線画像シーカーに変えて、ミリ波レーダー、合成開口レーダーなどの装備も研究されています。**射程を900km以上に延伸するAGM-158B JASSM-ERも開発**されました。JASSM-ERでは、エンジンをターボファンに変更し、燃料搭載量も増えています。

※ JASSM：Joint Air-to-Surface Stand-off Missile（ジャスム）

巡航飛翔中のAGM-158A JASSM。空軍と海軍の共通長射程対地攻撃ミサイルとして開発されたが、装備したのは空軍だけである
写真提供：ロッキード・マーチン

専用のローダーによるボーイングB-52Hストラトフォートレス爆撃機の主翼へのAGM-158B JASSM-ER装着作業。JASSM-ERは2006年5月18日に飛行試験が開始され、2014年4月にアメリカ空軍で就役を開始した
写真提供：アメリカ空軍

5/12 JSM空対艦ミサイル

航空自衛隊も関心を示して調査中

アメリカ空軍は戦闘機の用途に対艦攻撃を含めていないので、アメリカではF-35A用の空対艦ミサイルは開発されていません。しかし、ノルウェーは「空軍が導入するF-35Aに空対艦攻撃能力が必要」として空対艦ミサイルを開発することにしました。

ベースにしたのはノルウェーの兵器メーカーであるコングスベルグが開発した陸上および艦船配備の対艦ミサイルである**海洋打撃ミサイル**（**NSM**[※1]）です。これを胴体内兵器倉への収容も含めて、F-35A用にアレンジしたのが**統合打撃ミサイル**（**JSM**[※2]）で、弾体の中央に左右に開く小さな主翼と、尾部に4枚の操舵フィンを持つターボジェット推進のミサイルです。

JSMの運用自体は、従来の空対艦ミサイルとそれほど変わらず、発射後はそのまま落下して、海面近くの超低高度になったらその高度を維持した巡航飛翔に入ります。その後の中間飛翔はINSとGPSによる誘導で目標に向かい、目標まで一定の距離に達したら終末誘導に切り替えます。NSMは終末誘導に二重バンドの画像赤外線を使用していますが、JSMでは無線周波（RF[※3]）誘導です。これは、ノルウェーと同様にF-35Aを対艦攻撃にも使うことからJSMの装備を決めたオーストラリアの要望によるものです。RF誘導については**5-13**で記します。

このJSMのF-35Aへの統合化作業は、アメリカのレイセオンが協力することになっていて、生産もアリゾナ州のツーソンにあるレイセオンの工場で実施される予定です。航空自衛隊も対艦攻撃を戦闘機の任務の1つにしていることから、防衛省もこのミサイルの導入を決めました。

※1 NSM：Naval Strike Missile
※2 JSM：Joint Strike Missile
※3 RF：Radio Frequency

主翼下にJSMの実物大模型を装着したF-35Aの実物大モックアップ。ステルス性を考慮しなければ機外にJSMを4発搭載できるので、兵器倉と合わせた最大携行数は6発になる　写真提供：コングスベルグ

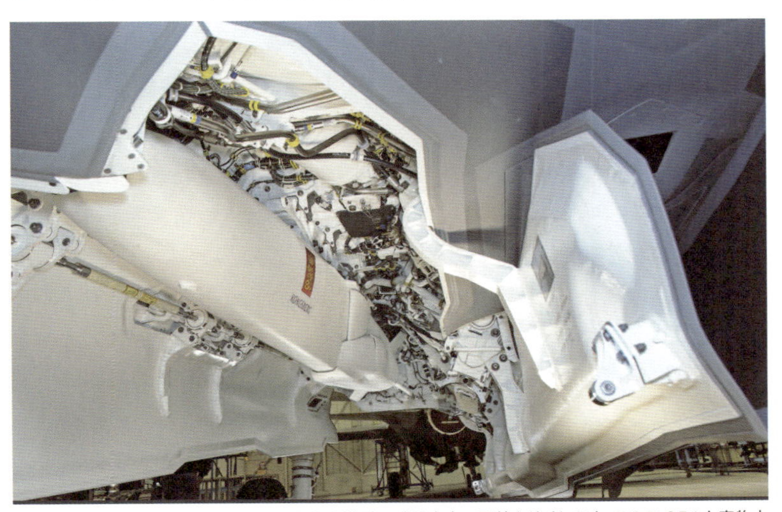

F-35Aの兵器倉に装着されたJSMの実物大模型。兵器倉内に配線などがあるが、このF-35Aも実物大の模型である　写真提供：コングスベルグ

5/13

AGM-158C LRASM

確実に目標へ到達する複合シーカーを搭載

アメリカ海軍が装備しているボーイングAGM-84ハープーン空対艦ミサイルの後継として、ロッキード・マーチンが開発しているのが、**AGM-158C長距離対艦ミサイル**（**LRASM**※1）です。その制式名称からわかるとおり、AGM-158 JASSM（**5-11**参照）をベースにしたもので、筐体などは共通です。

エンジンは、AGM-158Bと同じターボファンです。発射後は、GPS誘導装置に入力されたデータにもとづいて自律飛翔します。当初は中高度を飛行しますが、目標に接近すると発見を回避するため海面すれすれの高度に降下して進みます。

終末段階の誘導には、BAEシステムズが開発した**複合シーカー**が使われます。RF受信機と画像赤外線を統合したもので、RF受信機は艦船が発しているレーダーなどの電波を捉え、その発信源にミサイルを向かわせます。

従来、この種のミサイルの終末誘導にはレーダーが使われることが多く、レーダー反射の大きな部分（多くの場合は艦橋）に向かうようにされています。しかしこの方式では、欺瞞手段でほかに大きな電波反射源をつくり出されると目標を外してしまいます。これに対して、RF受信機を使う方式は受動式なので妨害されません。艦船が対空レーダーなどを切ることはまずあり得ないので、**確実に目標を捉え続けられる**のです。LRASMは多数の艦船で混雑しているような場合に、目標として指定された特定の艦船だけを認識し、ほかの艦船には向かわないようにする**人工知能**（**AI**※2）技術も取り入れられています。諸元などの情報はまだ明らかにされていませんが、**射程は360km以上**とされています。

※1 LRASM：Long Range Anti-Ship Missile（エルラスム）
※2 AI：Artificial Intelligence

AGM-158C LRASMを投下試験するアメリカ空軍第412試験航空団第419飛行試験飛行隊所属のボーイングB-1Bランサー爆撃機。アメリカ空軍は、戦闘機に対艦攻撃任務を付与していないが、現在は特定のB-1Bに海洋打撃任務を付与している　写真提供：ロッキード・マーチン

主翼にAGM-158Cを装着した、アメリカ海軍VX-23"ソルティ・ドッグス"所属のボーイングF/A-18Fスーパー・ホーネット。AGM-158Cは今後、F-35Cの搭載兵器にも加えられる予定だ　写真提供：アメリカ海軍

B61-12核爆弾

誘導キットの装着で50ktでも400ktの威力

アメリカが、1960年に「TX-61」の名称でB28、B43に続く戦略機/戦術機共用の水爆として研究を開始したのが**B61**の起源です。1965年に、最初の生産型で基本型となるB61-0の製造が始められ、1994年12月に実用態勢に入りました。

B61には全部で12のタイプがあります。M61-0からB61-5までの6種類が新規製造爆弾で、それ以降の5種類は改修によりつくられたものです。最も新しいものが**B61-12**です。ダイヤル式で威力設定ができる完全信管オプションを備え、核弾頭の爆発力を0.3、1.5、5、10、60、80、170kt（キロトン）の7段階で設定できるようにしたB61-3の改良型**B61-4を弾体に使用**していますが、爆発力の設定は、0.3、0.5、10、50ktの4段階に減らされているともいわれます。

また、B61-12はボーイングが開発したJDAM（**5-9**参照）のものをベースにした誘導キットを装着して命中精度を高めています。弾体後部にGPS誘導装置操舵翼を主体にした誘導セクションを取り付け、弾体中央にストレーキを取り付ける点はJDAMと同じです。B61-12の前に実用化された、貫通型核爆弾のB61-11は非誘導の自由落下方式で、望ましい命中点から110〜170m離れて着弾し、地中に潜って爆発するとされています。この精度をB61-12では30m程度にすることができ、その結果、爆発力が50ktであっても、400kt相当の被害を与えられるとされています。

2018年2月2日にアメリカが発表した「核態勢の検討2018」ではB61-12を**低出力核爆弾**と定義して、アメリカと同盟国を守る核オプションの柔軟性と多様性を高めるものと説明しています。

台車の上に載せられたB61-12の模擬弾。B61自体は1960年代初めに開発されたもので、改良を繰り返して今日まで使われ続けている　写真：著者所蔵

ボーイングF-15Eイーグル戦闘爆撃機のコンフォーマル燃料タンクのステーションに装着されたB61-12。アメリカ空軍ではこの爆弾を、戦闘機ではF-15E、F-16C、F-35Aで運用する計画である　写真：著者所蔵

GAU-22/A機関砲

すべてのF-35Aが機関砲を装備

F-35では、F-16やF-15、そしてF-22といったこれまでの戦闘機と同様に、アメリカ空軍だけが機関砲を機体内部に固定装備することを求めました。このため、F-35Aは左主翼付け根近くの中央胴体内に、ジェネラル・ダイナミックスが開発した**GAU-22/A機関砲**が装備され、その部分の胴体上面が細長く盛り上がっています。機関砲は基本的に空対空戦闘で使用しますが、F-35Aを導入する国際運用国も機関砲を不要とはしなかったので、すべてのF-35Aが機関砲を装備しています。

GAU-22/Aは、25mmのガトリング式機関砲で、AV-8BハリアーⅡやAC-130ガンシップ機などに装備されたGAU-12イコライザー機関砲の派生型として開発されたものです。最大の違いは、GAU-12/Uが5砲身のガトリング式であったのに対し、GAU-22/Aは4砲身に減らされている点です。これは、**機関砲自体の軽量化と射撃精度の向上のため**です。射撃率もGAU-12/Uが毎分3,600発（最大で毎分4,200発にすることも可能）なのに対し、毎分3,300発に下げられています。機関砲自体の重量は134kgで、弾薬を満載しても総重量は238kgに収まっています。

GAU-22/Aの最小射程は2,700m以下、最大射程は4,300〜4,600mで、携行する弾数は150発です。機関砲の砲口部は、レーダー反射をつくり出すので、F-35Aでは収容部の盛り上がりの最先端に上開き式の扉を付けて砲口を隠しています。アメリカ海軍と海兵隊は、同じGAU-22/Aを収めたF-35B/C専用の機関砲ポッドを胴体中心線下に装備することで、機関砲による射撃能力を持たせることにしました（Column 5参照）。

2015年8月、F-35A AF-02を使ってF-35統合試験軍が実施したGAU-22/Aの射撃試験。最大射撃率までの射撃と、最大携行数の180発より1発多い181発の連続射撃などで問題がないことを確認した。予備的な試験は6月に開始されており、徐々に作業内容を高度化して、8月に作業を本格化させた。試験はエドワーズ空軍基地の機関砲射撃ハーモナイジング（調整）エリアで行われた　写真提供：アメリカ空軍

地上での各種試験に続き、2015年10月30日に初めて飛行しながらの機関砲射撃試験が行われた。機関砲と関連システムの開発には、AF-03が用いられた　写真提供：アメリカ空軍

Column 5

任務型機関砲システム（MGS）ポッド

収容弾数は固定装備型より40発多い

機関砲を固定装備しないF-35B/C用に開発されたのが、**任務型機関砲システム**（MGS：Missionized Gun System）**ポッド**で、F-35Aに装備されたのと同じ**GAU-22/A 25mm機関砲**を収めています。機関砲自体は変わりませんが、収容弾数はF-35Aの携行数よりも40発多い**190発**となっています。一方、発射率は毎分3,300発から3,000発に引き下げられています。

2017年5月4日、MGSポッドによる射撃試験が初めて行われた。試験にはBF-01が用いられた。胴体中心線に取り付けるポッドは、兵器倉扉と干渉しないよう慎重に形状が設計された

写真提供：ロッキード・マーチン

Section

6 F-35の運用国

F-35はアメリカを含めて11カ国での装備が決まっていて、採用国は、さらに増える予定です。各国の装備の現状や、今後の計画について解説します。

写真提供：アメリカ国防総省

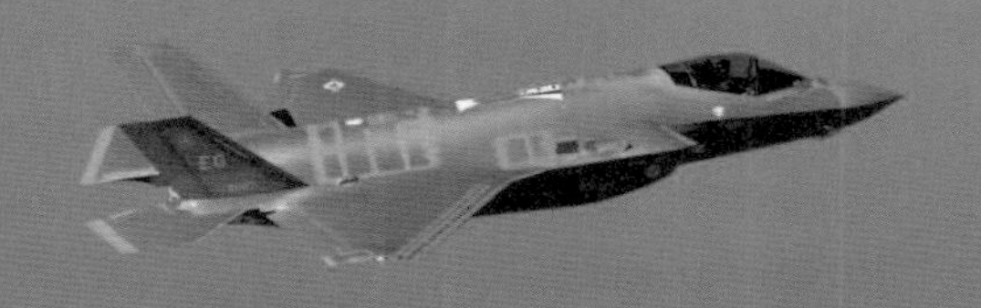

アメリカ軍の装備計画概要

3倍以上に強化される海兵隊のSTOVL攻撃戦力

F-35を最も多く装備するのは、もちろんアメリカです。空軍がF-16戦闘機とA-10攻撃機の後継として、海軍がF/A-18戦闘攻撃機の後継として、海兵隊が同じくF/A-18とAV-8B攻撃機の後継機として装備します。

現時点での装備計画機数は、**空軍がF-35Aを1,763機**、海軍と海軍省が計693機と発表されていて、海軍省の内訳は示されていませんが、**海軍はF-35Cを270機程度、海兵隊はF-35Bを353機とF-35Cを70機程度**装備するものと見られています。

海軍のF/A-18飛行隊が少ないため、必要に応じて海兵隊がF/A-18飛行隊を海軍に回して、空母艦上に配備する空母航空団(CVW※)に組み込んでいます。この方式はF-35になっても続けられることになっており、これが、比較的少数ですが海兵隊もF-35Cを装備する理由です。ここに記した海兵隊のF-35BとF-35Cの機数は、今後、変わる可能性がありますが、総数が420機程度であることに変わりはない模様です。

F-35Bの前任となるSTOVL攻撃機のAV-8Bについては、2017年末の時点で海兵隊が108機(ほかに訓練型TV-8Bが16機)を保有しているので、前記の数字どおりに装備されれば、**海兵隊のSTOVL攻撃戦力は3倍以上に強化**されることになります。

空軍は2017年末時点でF-16を951機、A-10を287機(2機種合計1,238機)保有しているので、事故などの喪失に備える減耗予備機や、整備などで一時的に戦力から離れる機体を補充する在場予備機を勘案すると、500機程度の戦力強化となります。アメリカ海軍の装備計画については**6-6**で記します。

※ CVW : Carrier Air Wing

第533海兵全天候戦闘攻撃飛行隊（VMFA（AW）-533）“ホークス”のF/A-18Dと編隊を組んだ、VMFAT-501“ウォーローズ”のBF-06。海兵隊のF/A-18Dは夜間攻撃（ナイト・アタック）型で、奥の機体は機首内部にカメラを搭載した偵察型F/A-18D（RC）である　写真提供：アメリカ空軍

空母USSエイブラハム・リンカーン艦上のVFA-125“ラフ・レイダーズ”に所属するCF-24。写真では見えにくいが、水平尾翼下の胴体に“MARINE”と書かれている。これは、海軍部隊のF-35Cではあるが、海兵隊の機体であることを示している　写真提供：アメリカ海軍

6/2 アメリカ空軍① 試験・評価部隊

統合試験軍のほか空軍独自の試験部隊もある

F-35を実用化するまでには、広範な試験作業を実施し、性能や能力などを確認・実証していく必要がありました。そのために編成されたのが**統合試験軍**（**ITF**[※1]）です。カリフォルニア州のエドワーズ空軍基地とメリーランド州の海軍航空基地（NAS[※2]）パタクセント・リバーに所在しています。前者は、空軍の航空機開発の拠点基地であり、F-35Aについての作業が主体ですが、F-35全タイプに共通する項目（たとえば兵器試験）も試験しています。このため、こちらのITFは空軍の**第412試験航空団**がホスト部隊となって、F-35B/Cが一時的にそこに所属するという形がとられることもあります。第412試験航空団は、空軍が保有するさまざまな機種についての技術を開発し、試験する部隊で、F-35は**第461飛行試験飛行隊**に配備されています。

空軍の試験部隊としては、ほかにもフロリダ州エグリン空軍基地に所在する第53航空団があり、指揮下の**第31試験評価飛行隊**がエドワーズ空軍基地で活動しています。こちらの部隊は実際の運用に関連した項目を試験しています。第53航空団の指揮下にはもう1つ、**第422試験評価飛行隊**（ネバダ州ネリス空軍基地所在）もあり、同様に運用試験を行っていますが、こちらは主として新たに開発された兵器の運用試験を行う部隊です。このため、F-35AだけでなくF-15E、F-16C、F-22Aも装備して各機種についても作業しています。

こうした兵器やその運用の開発を行う部隊としては、同じネリス空軍基地に**アメリカ空軍兵器学校**があり、緊密な連携をとって作業しています。アメリカ空軍兵器学校については**6-3**で記します。

※1 ITF：Integrated Test Force
※2 NAS：Naval Air Station（ナス）

アメリカ空軍にはF-35の試験・評価部隊がいくつかあり、中でもエドワーズ空軍基地のITFは作業の中核的な役割を果たしている。①は編隊飛行する第412試験航空団第461飛行試験飛行隊の所属機で、手前から2番目はF-35AのSDD機のAF-02、いちばん奥は海軍のF-35Cである。②は第53航空団第31試験評価飛行隊所属のAF-19、③はVX-9“バンパイアーズ”の分遣隊で、一時的に第412試験航空団に組み込まれて、エドワーズ空軍基地で主翼を折り畳んだF-35C、④は第422試験評価飛行隊所属のAF-21である

写真提供：アメリカ空軍（4枚とも）

6/3 アメリカ空軍②
操縦・兵器訓練部隊

今後、第33戦闘航空団は空軍唯一の訓練部隊に

試験部隊以外で最初にF-35の配備を受けたのは、フロリダ州エグリン空軍基地に所在するアメリカ空軍の**第33戦闘航空団**です。2017年7月に最初の2機が到着して、指揮下の**第58戦闘飛行隊**所属となり、操縦教官とパイロットの養成を開始しました。第33戦闘航空団はF-35の最初の訓練部隊となるので、F-35の**統合訓練センター**（**ITC**※）に指定され、空軍だけでなく海軍・海兵隊のパイロット訓練も実施することが決定していました。

このため、各軍に量産型の配備が始まると、海兵隊の訓練部隊であるVMFAT-501“ウォーローズ”と、海軍の訓練部隊であるVFA-101“グリム・リーパーズ”もエグリン基地に配備されて、第33戦闘航空団がそれらのホスト部隊となりました。

VMFAT-501にはイギリス向けF-35Bの1番機（BK-01）も配備され、イギリス軍の初期のF-35パイロットもここで訓練を受けました。VMFAT-501は、後に本来の配備基地へ移動し、空軍も2014年にアリゾナ州ルーク軍基地の**第56戦闘航空団**でF-35Aのパイロット訓練を開始しました。指揮下飛行隊へのF-35A配備が進むと、空軍唯一のF-35A訓練部隊になる予定です。第56戦闘航空団では、国際運用国のF-35Aパイロットも訓練していますが、日本だけはアソシエート（連携）部隊の**第944戦闘航空団第2分遣隊**（1-3参照）が受け持っています。

空軍で、兵器に関するさまざまな調査や用法の確立、兵器教官の養成などを任務としているのが、ネリス空軍基地に所在する第57航空団隷下のアメリカ空軍兵器学校です。F-15、F-16、F-22、A-10などの機種ごとに飛行隊があって、F-35は第6兵器飛行隊です。

※ ITC：Integrated Training Center

試験部隊以外でF-35配備を最初に受けたアメリカ空軍第33戦闘航空団第58戦闘飛行隊所属のF-35A。第33戦闘航空団は、海軍および海兵隊の訓練部隊のホスト部隊ともなった　写真提供：アメリカ空軍

編隊飛行する第56戦闘航空団所属のF-35A。第56戦闘航空団では国際運用国のパイロットも訓練しており、いちばん手前の機体はオーストラリア空軍パイロットが操縦しているオーストラリア空軍のF-35A

写真提供：アメリカ空軍

編隊飛行するアメリカ空軍兵器学校所属のF-16C（奥）とF-35A。F-16Cの飛行隊は第16兵器飛行隊で、F-35の垂直尾翼にも第16兵器飛行隊の文字（16WPS）が書かれているが、これは撮影時期が少し古いため。2017年6月20日にF-35Aの飛行隊として第6飛行隊が再編・独立している　写真提供：アメリカ空軍

6/4 アメリカ空軍③ 実働部隊

2017年10月には嘉手納基地に展開した

F-35Aによるアメリカ空軍最初の実働部隊となったのが、ユタ州のヒル空軍基地に所在する**第388戦闘航空団**です。指揮下の第4、第34、第321の3個戦闘飛行隊のうち、まず**第34戦闘飛行隊**へ配備され、2016年8月2日、この部隊に対してF-35Aの、**初度作戦能力**（**IOC**[※1]）が認定されました。IOCとは「完全な作戦能力は有していないものの、限定的な戦力として作戦行動に組み込める認定」を得たことです。第388戦闘航空団は、ユタ州兵航空隊の第419戦闘航空団がアソシエート（連携）部隊となっていることから、その指揮下の第466戦闘飛行隊が第34戦闘飛行隊と機材を共用して活動しています。2017年9月27日には、第388戦闘航空団指揮下の**第4戦闘飛行隊**への配備も開始されています。第4戦闘飛行隊にアソシエート部隊はありません。

第388戦闘航空団は、2017年4月にヨーロッパに展開して、イギリスを拠点に同盟諸国との訓練を実施しています。

さらに2017年10月30日には、第34戦闘飛行隊に所属する12機が沖縄県の**嘉手納基地**に展開しました。これは、アメリカ太平洋コマンドの**戦域保全パッケージ**（**TSP**[※2]）プログラムの一環として行われたもので、6カ月間の暫定配備という形がとられました。この展開期間中には、米韓合同軍事演習である「ビジラント・エース18」にも参加して、嘉手納基地から韓国のクンサン基地に移動して活動しました。

ヒル空軍基地には、ほかにも**オグデン航空兵站センター**があり、F-35Aの大規模な改修や修理などに対応しています。

※1 IOC：Initial Operational Capability
※2 TSP：Theater Security Program

TSPにより嘉手納基地に暫定配備され、ミッションのためシェルター地区からタクシー・アウトする第34戦闘飛行隊所属のF-35A。垂直尾翼にはアソシエート部隊の第466戦闘飛行隊を示す文字「466FS」が入っている

写真提供：アメリカ空軍

ヒル空軍基地から夜間の訓練ソーティーに向かう第34戦闘飛行隊所属のAF-81。F-35Aは第34戦闘飛行隊がIOCを獲得したことで、その後に編成される部隊も作戦戦力に組み込めるようになった

写真提供：アメリカ空軍

6/5 アメリカ海軍① 試験・訓練部隊

2つの試験部隊と1つの訓練部隊

アメリカ海軍のF-35Cと海兵隊のF-35Bも、空軍と同じくITFが試験しています。しかしこちらは、メリーランド州のNASパタクセント・リバーを本拠とし、海軍の試験部隊である**第23海軍航空試験・評価飛行隊（VX**[※1]**-23）"ソルティ・ドッグス"**が主に実行しています。

VX-23は、海軍が装備する固定翼機および無人航空機のすべての機種について、広範な研究や試験・評価を行う部隊です。機体評価の基本となる飛行性能や操縦性はもちろん、スピンなどのディパーチャー（通常状態からの逸脱）などの特性とそこからの回復手順の確立、実際の発射を含めた搭載兵器に関するさまざまな試験・評価など、その作業項目は多岐にわたります。

ただ、F-35Cについては、基本的な飛行特性などはエドワーズ空軍基地のITFが試験しているので、VX-23での作業は、艦船からの運用についての適合性や兵器関連などの試験が主体になっています。空母を実際に使った初期の開発試験と運用試験も、ほとんどがSDD機とVX-23の所属機により実施されました。

アメリカ海軍の試験部隊にはもう1つ、カリフォルニア州の海軍航空兵器基地（NAWS[※2]）チャイナ・レイクに所在して兵器関連の開発試験を実施する部隊、**VX-9"バンパイアーズ"**があります。F-35Cについては、分遣隊をエドワーズ空軍基地のITCに派遣し、作業しています。

海軍最初のF-35Cの訓練部隊となったのは**第101海軍打撃戦闘飛行隊（VFA**[※3]**-101）"グリム・リーパーズ"**です。2012年5月1日にエグリン空軍基地でF-35C装備により再編成されて、統合訓練センターに組み込まれました。

※1 VX：Navy Air Test and Evaluation Squadron
※2 NAWS：Naval Air Weapons Station
※3 VFA：NAVY Strike Fighter Squadron

NASパタクセント・リバーにある地上の模擬着艦施設で着艦拘束フックを使用した着陸試験を行うVX-23所属のCF-03。主翼下にGBU-12ペイヴウェイII、胴体下にMGSポッドを装着している

写真提供：アメリカ海軍

F-35への実用機転換訓練部隊であるアメリカ海軍のVFA-101“グリム・リーパーズ”に所属するCF-06。CF-06はF-35Cの量産初号機であり、またVFA-101向け1番機であることからカラフルなマーキングが施された

写真提供：ロッキード・マーチン

6/6 アメリカ海軍②訓練・実働部隊

2021年から空母への配備が始まる

F-35Cによるアメリカ海軍最初の実働飛行隊は、カリフォルニア州のNASリムーアに所在する**VFA-125“ラフ・レイダーズ”**で、2017年1月25日に最初の4機が到着しました。

以前のVFA-125は、アメリカ海軍大西洋艦隊の艦隊転換飛行隊（FRS※）としてF/A-18への実用機転換訓練を任務としていた部隊で、2010年10月1日にVFA-122“フライング・イーグルス”に吸収される形でいったん閉隊となりました。そして2016年12月12日に、**F-35Cの西海岸FRSとして再編**されたのです。今回のF-35Cの配備を受けて活動を再開し、2017年末までに10機の配備を受けました。ちなみに海軍は、F-35Cによる1個VFAの定数を10機と定めています。なお、**6-5**で記したVFA-101“グリム・リーパーズ”は、東海岸のF-35C FRSです。

F-35Cによる実働部隊はまだ編成されていませんが、アメリカ海軍は2030年代初めにはF-35Cにより20個VFAを編成する計画を明らかにしています。これらはCVWに配備され、各CVWはF/A-18EおよびF/A-18Fスーパー・ホーネットによる1個ずつのVFAと、F-35Cによる2個VFAの計4個VFAを、艦上の戦闘打撃戦力として配備を受けるのが基本構成になります。

これらのVFAは、配備される空母の配置によって太平洋と大西洋に分けられ、VFA-101で訓練を受けたパイロットは大西洋の部隊に、VFA-125で訓練を受けたパイロットは太平洋の部隊に配属されます。F-35CがIOCを獲得するのは2018年8月（目標）から2019年2月（猶予期間）の予定で、**空母への配備開始は2021年**の予定と発表されています。

※ FRS：Fleet Replacement Squadron

2017年1月25日、VFA-125“ラフ・レイダーズ”に配備されたF-35CがNASリムーアに到着した。この部隊は、太平洋方面のF-35C部隊に配属されるパイロットを養成するFRSとして活動する

写真提供：アメリカ海軍

FRSのVFA-101とVFA-125は、SDD機によるITFとともに空母を使った各種の艦上試験にも加わっている。写真は、USSカール・ビンソンに着艦したVFA-125所属のCF-29。所属部隊を示す垂直尾翼のテイルレターは、VFA-101とVFA-125両FRSともに共通の“NJ”である

写真提供：アメリカ海軍

6/7 アメリカ海兵隊① 試験・訓練部隊

海軍とメーカーがバックアップ

F-35Bの飛行特性や操縦性などの技術的な試験は、主としてSDD機を使用し、NASパタクセント・リバーのITFが行っています。実際に操縦するのは、主にVX-23のパイロットとロッキード・マーチンのテスト・パイロットです。海兵隊にはVX-23のような部隊がないため、「**海軍やメーカーが支援する**」という形がとられるのです。**Column 2**（76ページ）で記したスキージャンプ甲板も、NASパタクセント・リバーに設置されています。

海兵隊の航空機の開発試験部隊としては、アリゾナ州の海兵航空基地（MCAS※1）ユマに所在する、**第1海兵運用試験・評価飛行隊（VMX※2-1）**があります。この部隊は、海兵隊が装備する各種の航空機について、その実用性の試験および評価や確認、さらには戦術の策定などを行います。もともとはMV-22Bオスプレイの試験部隊として2003年8月にVMX-22として発足し、新世代機のF-35Bの作業が加わったことで、2016年5月に部隊名をVMX-1に変更しました。F-35Bの作業では、エドワーズ空軍基地に分遣隊を派遣して兵器関連の作業も実施しています。

海兵隊のF-35BのFRSは、**第501海兵戦闘攻撃訓練飛行隊（VMFAT※3-501）"ウォーローズ"**で、2010年4月1日にフロリダ州のNASペンサコラで再編されました。2012年1月11日にF-35Bの初配備（配備初号機はBF-06）を受けて活動を開始し、その後、エグリン空軍基地に移動して第33戦闘航空団の傘下に入りました。VMFAT-501の本来の配備基地は、サウスカロライナ州のMCASビューフォートだったので、2014年7月に部隊は所在基地を移動しました。

※1 MCAS： Marine Corps Air Station
※2 VMX：Marine Operational Test and Evaluation Squadron
※3 VMFAT： Marine Fighter Attack Training Squadron

同じVMX-1所属のMV-22Bオスプレイ（左）と並ぶ、VMX-1所属のBF-15。ともに試験作業のため、2016年4月にエドワーズ空軍基地に展開した際に撮影されたもの
写真提供：アメリカ空軍

2016年11月、強襲揚陸艦USSワスプから爆装状態で短距離滑走発艦するBF-05。海軍の試験部隊であるVX-23のマーキングをまとい“SD”のテイルレターを入れている
写真提供：アメリカ海軍

エグリン空軍基地所在当時、フロリダの市街地上空を飛行するVMFAT-501“ウォーローズ”所属のBF-06
写真提供：アメリカ空軍

6/8 アメリカ海兵隊② 実働部隊

岩国基地のF-35Bがワスプに展開した

F-35の実用化に向けて作業が最も進んでいるのはアメリカ海兵隊です。現時点で2個の実働飛行隊を持ち、3番目の建設に入っています。

最初の実働部隊となったのはMCASユマに所在した**第121海兵戦闘攻撃飛行隊（VMFA[※1]-121）"グリーン・ナイツ"**です。2012年9月28日に最初のF-35Bが配備され、F/A-18Dからの機種更新に入り、11月20日には部隊名から全天候を示す（AW＝All Weather）を外してF-35の時代に入りました。VMFA-121は、2017年1月18日、部隊全体が山口県のMCAS岩国に移動し、**アメリカ国外の基地に恒久的に配備される初のF-35飛行隊となった**のです。VMFA-121は2018年3月に、第31海兵遠征部隊（31 MEU[※2]）に組み込まれて「春期監視活動2018」に参加し、強襲揚陸艦USSワスプに展開しました。これが、**F-35B初の実任務における強襲揚陸艦艦上への展開**となったのです。

2番目のF-35B飛行隊は、MCASユマに所在する**VMFA-211 "ウェークアイランド・アベンジャーズ"**で、2016年6月30日に最初の配備機を受領しました。VMFA-211はAV-8BハリアーⅡを装備していた飛行隊であり、STOVL運用できる機種同士の最初の機種更新事例となっています。これにともない部隊名も海兵攻撃飛行隊（VMA[※2]）からVMFAに変わりました。

3番目の実働飛行隊に予定されているのが、**VMFA-122 "フライング・レザーネック"**です。2017年9月22日にMCASビューフォートからMCASユマに移動して、機種更新の準備に入りました。作業は2018〜19年に終了する予定です。

※1 VMFA：Marine Fighter Attack Squadron
※2 MEU：Marine Expeditionary Unit
※3 VMA：Marine Attack Squadron

空中給油態勢に入ったVMFA-121“グリーン・ナイツ”所属のF-35B　写真提供：アメリカ海兵隊

3機で編隊飛行するF-35B。2番目の実働飛行隊であるVMFA-211“ウェークアイランド・アベンジャーズ”所属の機体　写真提供：アメリカ海兵隊

イギリス空軍、海軍

空軍と海軍で138機のF-35Bを導入

イギリス空軍と海軍はともに、初代のV/STOL作戦機であるハリアー・シリーズを運用しており、1980年代後半にはその後継機問題に直面していました。そうしたなか、アメリカのJSF計画で、海兵隊向けのSTOVL型が開発されることになり、イギリスはJSF計画のスタート時から共同開発に名乗りを上げ、開発パートナーとなったのです。

イギリスは、空軍と海軍合わせて150機（空軍90機と海軍60機）の導入を計画したのですが、2010年10月、イギリス政府は国防計画の見直しを発表し、**ハリアーの後継機を装備しない**と決めました。ただ、これは空軍と海軍による「STOVL機が必要」という要求が認められて撤回され、紆余曲折はありましたが、現在では**空軍と海軍合わせて138機のF-35Bを導入**することになりました。イギリス向けの初号機（BK-01）は、2012年4月13日に初飛行して、同年7月19日にイギリス国防省に引き渡されています。

イギリスのF-35Bは、まずエドワーズ空軍基地のITFで飛行試験することになり、第412試験航空団の隷下にイギリス空軍第17（R）飛行隊が組み込まれました。続いてエグリン空軍基地に所在するアメリカ海兵隊のFRSであるVMFAT-501へ引き渡され、イギリス軍パイロットの養成訓練に使われるようになりました。部隊がMCASビューフォートに移動後、現在までイギリス軍パイロットの訓練は続けられています。イギリスでの最初の実働部隊は、ロジーマス基地に所在するイギリス空軍の第617（F）飛行隊で、2018年中の作戦態勢の確立を目指しています。

VMFAT-501“ウォーローズ”のF-35Bと編隊飛行するイギリスのBK-03（いちばん手前）。この機体もMCASビューフォートに配置され、VMFAT-501の指揮下でイギリス空軍パイロットを訓練している
写真提供：ロッキード・マーチン

2016年6月、イギリス本国に展開するための大西洋横断飛行中に空中給油を受けるBK-03。このときがF-35のイギリス初飛来であり、アメリカ国外への初展開でもあった
写真提供：イギリス国防省

6/10

イタリア空軍、海軍

海軍のF-35Bは軽空母カヴールで運用

イギリスと同様に、空軍と海軍でF-35を装備する国がイタリアです。空軍はパナビアトーネードの後継機としてF-35Aを、AMX軽攻撃機の後継としてF-35Bを、海軍はAV-8Bの後継機としてF-35Bを導入する計画です。F-35Aが60機、F-35Bが30機の計90機で、F-35Bは空軍と海軍で15機ずつの予定です。海軍のF-35Bは**スキージャンプ甲板を持つ軽空母カヴールから運用され、空軍のF-35Bは陸上基地からの運用**になります。

イタリアは、装備するF-35全機について、国内のミラノ近郊にあるレオナルドのカメリ工場でFACOを行っています。まず、2015年3月12日にイタリアFACOの初号機であるAL-01が完成し、ロールアウトしました。この機体は、同年9月7日に初飛行し、同年12月3日にイタリア空軍に引き渡されました。この機体と、続く2号機（AL-02）は、2016年12月にアメンドラに所在する第32航空団に配備され、これがイタリア空軍最初のF-35A装備部隊になっています。

2017年5月5日には、カメリ工場でFACOを行ったF-35Bの初号機（BL-01）も、すべての作業を終えて完成し、ロールアウトしました。BL-01はイタリア海軍向けのF-35Bで、同年10月24日に初飛行し、2018年1月25日にイタリア海軍に引き渡されています。BL-01はその後、機体の完成度などの確認のためアメリカで技術的な各種試験を実施することになり、同年1月31日にNASパタクセント・リバーにフェリーされて、ITFに渡されています。なお、一部のオランダ空軍向けのF-35Aについても、イタリアで一部FACOを実施することが考えられています。

試験飛行を終えて、レオナルドのカメリ工場にある滑走路にタッチダウンしたAL-01。イタリアではF-35AとF-35BのFACOを行うが、F-35Bについてはアメリカ国外で唯一のFACO実施国である

写真提供：ロッキード・マーチン

ITFによる技術試験のため、NASパタクセント・リバーに到着したイタリア海軍のBL-01

写真提供：アメリカ海軍

6/11

オランダ空軍

現在は37機だが将来的に増やされる可能性も

オランダ空軍は、213機を導入したF-16A/Bの後継機としてF-35Aを導入します。冷戦の終結により、オランダはF-16の減勢を決め、寿命中近代化（MLU※）によりF-16AM/BMに改修した際、保有機数を87機に減らしました。こうしたことから、F-35Aの導入でも、当初は85機と計画されました。しかし、F-35の機体価格の上昇などから、「とりあえずの機数決定期限」とされた2012年末に37機と定められ、今日までそれが維持されています。

ただ、これでは所要機数を大幅に下回っていることが明らかであり、NATOにおける役割の遂行も含めて、**将来的に機数が増やされる可能性**はあります。

オランダは、イギリスに次いでF-35を受領した2番目の国際運用国であり、**F-35Aでは最初の国際運用国**でもあります。オランダ空軍向けの初号機（AN-01）は、2012年4月1日にロールアウトして、8月6日に初飛行しました。オランダ空軍で最初にF-16から機種更新を受けたのは、リーワーデン基地の第323飛行隊です。この飛行隊は、2014年10月に第322飛行隊に吸収される形でいったん閉隊された後、F-35の装備で、開発試験部隊として翌11月にエドワーズ空軍基地で再編されました。

実戦部隊は、F-16による第312飛行隊と第313飛行隊が所在するフォルケル基地と、同じくF-16による第322飛行隊が所在するリーワーデン基地になる予定で、最初に配備を受けるのは第312飛行隊の計画です。オランダ空軍では、F-16AM/BMの運用寿命の関係から、2023年にはF-35A 37機の導入計画を完了したいとしています。

※ MLU：Mid-Life Update

2016年5月24日、AN-01とAN-02が大西洋を横断してオランダのリーワーデン基地に移動した。このとき、オランダ空軍のKDC-10（上）とガルフストリームⅣ（上から2番目）が出迎え、4機で編隊飛行した。KDC-10とガルフストリームⅣは、いずれもエインドホーフェン基地に所在する第334輸送飛行隊の所属機である
写真提供：オランダ空軍

エドワーズ空軍基地に着陸したオランダ空軍のAN-01と02。第31試験評価飛行隊での試験作業のため、垂直尾翼に同隊所属を示す“OT”の文字が入れられている
写真提供：アメリカ空軍

6/12

ノルウェー空軍

52機のF-35Aは特別にドラグシュートを装備

ノルウェーは、オランダ、ベルギー、デンマークと共同で1980年からF-16A/Bを導入し、2002年6月にF-35のSDD作業に国際パートナーとして参加しました。そしてスウェーデンのJAS39グリペンおよびユーロファイター・タイフーンとの比較審査の後、要求を完全に満たせたのはF-35だけだったとして、2008年11月にF-35Aの導入を正式に決定しました。ノルウェー空軍は、F-16AM/BMに近代化能力向上した後のF-16保有機数が57機です。現時点で**ノルウェー空軍のF-35A所要機数は52機**なので、ほぼ1対1での置き換えが可能です。

ノルウェー空軍向けのF-35A初号機（AM-01）は、2015年8月27日にロールアウトし、10月7日に初飛行しました。ただ、後から完成した2号機（AM-02）が、その前日の10月6日に初飛行しています。ノルウェー空軍創設73周年にあたる2017年11月10日、AM-08、AM-09、AM-10の3機が、訓練のため配置されていたアメリカのルーク空軍基地から、大西洋横断飛行で、ノルウェーのオルランド基地に到着し、F-35Aの国内配備が始まりました。ノルウェー空軍でF-35Aが作戦態勢に就くのは2019年の予定で、52機の配備完了は2025年の予定です。

ノルウェー空軍向けF-35Aの特徴は、特別に**ドラグシュート**を装備していることです。冬期には氷結した滑走路からの運用が予測されるため、その際に着陸滑走距離が長くならないようにするためです。このドラグシュートは、SDD機のAF-02を使用し、主にエドワーズ空軍基地で開発されましたが、2018年2月16日にはノルウェーのオルランド基地で、初の国内ドラグシュート試験を実施しました。

2015年11月10日、AM-01とともにパイロットの訓練拠点となるルーク空軍基地に到着したAM-02。ノルウェー本国への移動は2017年11月10日であった
写真提供：アメリカ空軍

2018年2月16日にオルランド基地で行われた、ノルウェー空軍のAM-03によるドラグシュート試験
写真提供：ノルウェー空軍

6/13 オーストラリア空軍

F-35Aを100機導入する予定

オーストラリア空軍は、F-111CとF-18A/Bを主力作戦機としてきましたが、F-111Cの後継機にF/A-18Fスーパー・ホーネット24機を採用して、アンバーレイ基地に2個飛行隊を編成しました。本来、オーストラリアは、F-18A/Bも含めて1機種での機種更新を考えていたのですが、JSF計画に遅れが出た場合のリスクを考慮して、F-111Cの後継機計画を先行させたのです。

新戦闘機の本命であったJSFについては、国土面積が広いことから、燃料搭載量が多く戦闘行動半径の大きいF-35Cの導入も検討されました。しかし、F-35の開発ではF-35Cが最後に作業されるタイプであり、また機体が重いこと、価格が高額になることから、**CTOL型のF-35Aを導入**することにしました。

オーストラリア政府は、2009年11月に14機の調達経費の予算計上を承認し、調達作業が始まりました。その後、2度の追加購入が承認されて、**現時点での装備計画機数は100機**になっています。

2014年9月29日、オーストラリア空軍向けの最初の2機（AU-01とAU-02）の完成・ロールアウト式典が同時に行われ、同年9月25日にAU-01が初飛行しました。この2機はルーク空軍基地の第56戦闘航空団でパイロットの養成に使われていますが、今後、機体の数がそろった時点でオーストラリアに移動し、ウィリアムタウン基地で第2実用機転換訓練部隊（OCU※）を、F-18Bからの機種更新を行って、F-35AのOCUとします。

続いて3個の実戦飛行隊が編成されますが、いずれもF-18Aからの機種更新で、ウィリアムタウン基地の第3飛行隊と第77飛行隊、ティンダル基地の第75飛行隊が配備を受ける予定です。

※ OCU：Operational Conversion Unit

2014年9月29日、テキサス州フォートワースにあるロッキード・マーチン社の工場で初飛行したAU-01。オーストラリア向けの機体はAU-01とAU-02の同時ロールアウトで初公開された　写真提供：ロッキード・マーチン

パイロットの操縦訓練でルーク空軍基地を離陸するAU-02。オーストラリア空軍のパイロットの操縦訓練は、2015年3月からアメリカ空軍第56戦闘航空団で行われている　写真提供：アメリカ空軍

6/14 イスラエル空軍

「アディール」の名称でF-35を50機調達

F-35の国際パートナー以外の国で、最初にF-35の導入を決めた国がイスラエルです。**海外有償援助（FMS**※**）**という方式での売却に、アメリカとイスラエル両国政府が合意し、2010年10月に覚書の署名が行われました。日本は2番目のFMS購入国です。

イスラエル空軍向けF-35Aの初号機（AS-01）は、2016年6月22日にロールアウトして、7月25日にフォートワースで初飛行しました。AS-1はロールアウト当日に引き渡されており、イスラエルは**FMS販売のF-35を最初に受領した国**ともなりました。イスラエルの当初の購入機数は19機でしたが、その後、2度、追加で契約され、**現時点では50機**になっています。

イスラエルは、軍が装備する航空機に独自の名称を付けていて、F-35Aは「**アディール**」（ヘブライ語で畏怖、畏敬などの意味）となりました。この愛称は公募で選ばれたもので、応募は1,700件以上あったとのことです。

イスラエルは、国際パートナー国ではないこともあり、アメリカ空軍の部隊ではパイロットを訓練せず、教官だけ養成して、残りは自国内で訓練することにしました。その部隊がネバティム基地に編成された**第140飛行隊**で、2016年12月12日に最初の2機が到着しました。第140飛行隊は、パイロット訓練だけでなく実戦活動も行う部隊に指定されており、イスラエル空軍は2017年12月6日、この部隊により「F-35（アディール）が初度作戦能力（IOC）を達成した」と宣言しました。イスラエル空軍は、F-35の調達機数を今後も増やす計画で、一部をF-35Bとすることも考えています。

※ FMS : Foreign Military Sales

ネバティム基地（イスラエル）の第140飛行隊に配備されたAS-01。第140飛行隊はすでにIOCを獲得しており、作戦行動への投入が可能になっている　写真提供：イスラエル国防省

イスラエルは軍の航空機に独自の名称を付与しており、F-35は「アディール」である。編隊を組んでいる左のF-16Iの名称は「スーファ」である　写真提供：イスラエル国防省

6/15 トルコ空軍とデンマーク空軍

トルコは100機、デンマークは27機を予定

トルコも2002年にJSFのSDD作業の国際パートナーとなり、2007年1月には、トルコ空軍向けとしてF-35A 116機の導入計画を明らかにしました。

しかし、現在では**100機に減少**していて、機体の完成も遅れています。トルコ空軍向け初号機（AT-01）は、2018年5月10日に初飛行し、同年中に引き渡される予定です。

トルコでは自国の大手航空宇宙メーカーであるターキッシュ・エアロスペース・インダストリーズ（TAI※）が、ノースロップグラマンの副契約者として一部の機体向けの中央胴体を製造しており、完成するとノースロップ・グラマンに出荷されて検品を受けています。

デンマークもSDDの国際パートナーです。2015年5月にデンマーク政府と国防相は議会に対し、F-16AM/BMの後継新戦闘機としてF-35Aの導入を推奨する提案をし、議会はその審査に入りました。そして30日間の審査を経て、2016年6月9日、議会は新戦闘機として27機のF-35Aを調達することに合意しました。

これにより**デンマークはF-35を導入する11番目の国**となりました。

デンマークは、27機を2021～26年の6年間で購入することとしています。2025年に空軍へ配備を開始し、まずは極めて限定的な配備として、国防戦力を部分的に担います。2027年以降、段階的に、国防および国際安全保障任務で完全な活動ができるようにする計画です。

※ TAI：Turkish Aerospace Industries

2018年5月10日に初飛行した、トルコ空軍向けF-35Aの初号機AT-01。トルコ空軍は100機のF-35Aを導入する計画で、同年以降、毎年10機程度の受領を続けていく予定である

写真提供：JSFプログラム・オフィス

主翼端にAIM-120A AMRAAM、主翼外側ステーションにAIM-9Lサイドワインダーを搭載したデンマーク空軍のF-16AM。デンマークは現有33機のF-16を、27機のF-35Aに置き換える計画である

写真提供：アンナ・ズベルバ/Wikimedia Commons

6/16

韓国空軍とカナダ空軍

韓国空軍は40機を発注。カナダは65機か?

韓国政府は2014年3月24日、**次期戦闘機**（**KF-X**※）としてF-35Aを選定したことを公式に発表しました。韓国もSDDの国際パートナー国ではないので、FMSにより販売されます。KF-Xの所要機数は60機とされていましたが、機体価格との関係から**40機の発注**にとどめました。ただ、引き続き20機の追加が検討されています。

初号機（AW-01）の引き渡し開始は2018年の予定です。韓国はF-35に使われているアクティブ電子走査アレイ・レーダーや電子光学センサーなどについて、それらの技術移転を、F-35Aの導入に合わせてアメリカに求めていましたが、安全保障上の理由などから拒否されました。

F-35プログラムで特殊な状況に置かれているのがカナダです。SDDの国際パートナーに参加し、一部の水平尾翼などの製造分担も割り当てられましたが、今日に至るまで、正式には装備を決めていません。主な理由は、機体価格が高額で議会が承認しないからですが、政府は**F-18の後継機として65機の装備計画を維持**しています。

ただ、決定が先延ばしとなっていることでF-18の運用寿命が近づきつつあり、それに間に合わせるため、2017年、カナダ政府はスーパー・ホーネット18機の購入を模索し、「F/A-18E 10機とF/A-18F 8機を2019年1月から引き渡す」という内容の契約をボーイングとかわす段階にまでこぎ着けましたが、これは12月にキャンセルとなり、スーパー・ホーネットの導入案は白紙になりました。

カナダ政府がF-35の装備をあきらめていないことは確かですが、いつ実現するのかは見通せません。

※ KF-X：Korean Fighter eXperimental

2018年3月28日、韓国空軍向けのAW-01は式典とともにフォートワース工場で公開された。ただ、それよりも早く3月19日に初飛行していた。初号機はルーク空軍基地に配備され、2019年には韓国のチョンジュ基地への配備が始まる予定である
写真提供：ロッキード・マーチン

2014年2月28日、マジェラン社（カナダの航空宇宙企業）が製造した最初の水平尾翼を装着してフォートワースで初飛行したアメリカ空軍向けのAF-46。カナダはまだF-35の導入を決めていないが、すでに製造の分担は決まっているため、受け持ち分は製造している
写真提供：ロッキード・マーチン

参考文献

● 書籍

Gerard Keijsper/著『Joint Strike Fighter』(Pen & Sword Aviation、2007年)
『Jane's All The World Aircraft』各年版(IHS Jane's)
青木謙知/著『第5世代戦闘機F-35の凄さに迫る!』(SBクリエイティブ、2011年)
青木謙知/著『知られざるステルスの技術』(SBクリエイティブ、2016年)
青木謙知/著『航空自衛隊次期戦闘機F-35ライトニングII』(文林堂、2017年)
青木謙知/著『戦闘機年鑑』各年版(イカロス出版)

● 雑誌

月刊『航空ファン』各号(文林堂)
月刊『航空情報』各号(せきれい社)
月刊『Jウイング』各号(イカロス出版)
月刊『軍事研究』各号(ジャパン・ミリタリー・レビュー)

※そのほか、各社の資料、Webサイトを参考にさせていただきました。

索引

数・英

あ

か

サイエンス・アイ新書

SIS-411

http://sciencei.sbcr.jp/

F-35はどれほど強いのか

航空自衛隊が導入した最新鋭戦闘機の実力

2018年7月25日　初版第1刷発行

著　　者　青木謙知
発 行 者　小川 淳
発 行 所　SBクリエイティブ株式会社
〒106-0032　東京都港区六本木2-4-5
営業：03(5549)1201
装丁・組版　近藤久博(近藤企画)
印刷・製本　株式会社 シナノ パブリッシング プレス

ISBN 978-4-7973-9034-6

SB Creative